aabar
Abu Dhabi

NIKI

Herbert Völker

NIKI

Stories vom Champion

ecowing

Lauda (Ferrari) führt das Feld in die Startrunde zum GP Südafrika 1976
vor Jochen Mass, Vittorio Brambilla und Ronnie Peterson.

10
GOODYEAR

INHALT

Herbert Völker, Niki Lauda
am Pogusch, 2003

DER ROMANTISCHSTE AUGENBLICK

Winter 1999, wir hocken in Laudas Lieblingscafé und reden darüber, wie es so ist, wenn man 50 wird. Die Aufzeichnung ist naturbelassen, drum sind auch seltene Wörter dabei, sie erklären sich hoffentlich selber. Nikis Hauptjob zu jener Zeit war die Führung der Lauda Air in einer schwierigen Phase. Die (erste) Nierenspende durch Bruder Florian hatte gut funktioniert.

HERBERT VÖLKER: Wie ist der Zustand deines Körpers mit 50?

NIKI LAUDA: Der Zustand ist der, dass ich um zwei Kilo zu viel habe, am Ranzen. Ich hab immer 76 gehabt und jetzt hab ich 78. Ich hab mir eine Karte für ein Fitnesscenter organisiert, aber ich bin einer, der nicht schwitzen mag. Das ist mir unangenehm. Alles im Leben müsste auch ohne Schwitzen gehen. Ansonst ist der Körper tadellos.

Hat sich die dritte Niere gut eingelebt?

Bestens. Allerdings hat mich die Marlene angerufen, sie hat in Barcelona einen Japaner getroffen, der lässt mir sagen, ich soll immer nur rückwärts gehen, also immer nach hinten, das soll so gut für die Nieren sein. Sag ich, da kann ich ja stolpern. Macht nichts, sagt die Marlene, geh rückwärts. Dann sag ich zu ihr, mein neues Nierndl ist ja vorne, da muss die Marlene jetzt den Japaner noch einmal fragen, ob ich trotzdem verkehrt gehen soll.

Wie ist der Zustand deines Geistes mit 50?

Unverändert. Ich kann noch immer nicht rechtschreiben, aber jetzt ärgert es mich zum ersten Mal. Wenn ich am Handy eine Message schicken will, muss ich oft ein anderes Wort verwenden, als ich will, weil ich nicht weiß, wie es sich schreibt. Wir zwei sollten uns auf ein Packl hauen. Du gibst mir deine Schreibe, und ich geb dir meinen Ranzen, dann kann ich Brief schreiben, und du hast nur zwei Kilo Übergewicht und nicht zehn.

Super Idee. Erkenne ich da einen Sinneswandel bei dir, dass es seinerzeit vielleicht doch g'scheiter gewesen wäre, etwas zu lernen, statt das Schulproblem per Fälschung des Maturazeugnisses zu lösen?

Natürlich wäre es g'scheiter gewesen. Aber jetzt hab ich's dreißig Jahre so ausgehalten. Und die Frau Wünning schreibt die Briefe ganz super. Liebesbriefe schreib ich eh keine. Immerhin, wenn du mich nach meinem Geist fragst, dann ist die Rechtschreibung das Einzige, was mich stört. Manchmal denk ich mir, es wär schon gut, wenn ich alles schreiben könnt'.

Die Dinge, die du wirklich brauchst, hast du ja bestens drauf. Das muss man bedenken, damit die Antwort auf „Zustand deines Geistes“ nicht missverständlich daherkommt.

Ich hab ein Zahlengedächtnis von beängstigender Genauigkeit und kann überhaupt alles speichern, was für meinen Beruf wichtig ist.

Darf ich dich nach dem Zustand deines Gemüts mit 50 fragen?

Wechselhaft je nach den Frustrationsaspekten meines jetzigen Berufs (Führung der Lauda Air; Anm.). *Das bestimmt meinen Gemütspegel, den*

Rest hab ich im Griff. Aber mit meiner Disziplin lasse ich auch den Berufsfrust nicht aus dem Lot kommen. Ich sag mir, ich hab mir das ja selber ausgesucht, damit ist das Problem ziemlich rasch gelöst.

Wer ist dein Lebensmensch?

Marlene, keine Frage (acht Jahre nach der Scheidung; Anm.). *Sie hat auf ihre Art genau zu meinem Leben gepasst, und alles hat sich glänzend ergänzt. Toll, was sie den Kindern gegeben hat. Ich bin schon sehr happy, dass Lukas und Mathias so geraten sind, wie sie sind, das haben wir nur der Marlene zu verdanken.*

Welche deiner Freundschaften waren oder sind für dich die wichtigsten?

Früher der Bertl Wimmer, der als Landfreak aus dem Wald gekommen ist und mein stressiges Formel-1-Leben um die Lustigkeit bereichert hat, genauso wie Hannes Rausch, der mich auch vom Stress abgelenkt hat …

… klingt so, als wäre die wichtigste Eigenschaft deiner Freunde, dir den Kasperl zu machen …

… nein, nein, die Hetz ergibt sich einfach, die lässt sich nicht planen. Aber es liegt ja in der Natur von Freunden, dass sie dir etwas geben, das dir abgeht, und wenn es in umgekehrter Richtung auch funktioniert, dann klappt es eben. Der Bertl hatte ein natürliches Empfinden der Dinge, das bei mir als Großstadtmensch schon überlagert war von irgendwelchem Schutt. Und der Hannes, als Grafiker und Künstler, hat sein kreatives Denken in meine mechanische Welt hineingetragen und mir die Augen geöffnet für Schönheit und Visionen. Mit dem bin ich vor fünfzehn Jahren in Sydney gesessen, und er hat gesagt, da müsst' man einmal herfliegen, als Lauda Air …

Aber sowohl den Bertl wie auch den Hannes seh ich heute eher selten. Es ist nicht mehr, wie es war, die Arbeit hat sich dazwischengedrängt. Heute verbindet mich die Arbeit automatisch mit dem Attila. Das ist halt ideal: Wenn zwei, die sich gut verstehen, das gleich in der gemeinsamen Arbeit umsetzen können … und genau das mache ich seit zehn Jahren mit Attila Dogudan.

Wie funktioniert der Antrieb des Niki Lauda?

Kann ich dir genau erklären. Ich krieg irgendeine Idee, was immer es ist. Das war damals das Rennfahren, dann war es die Airline. Das fasziniert mich aus irgendeinem Grund, den ich gar nicht erklären kann: Es fasziniert mich halt. Und ab diesem Moment fasziniert mich auch die Umsetzung dieser Idee bis zum Ziel. Jetzt zum Beispiel (schaut suchend herum): *Wenn ich es toll finde, diese Römerquelleflasche auf den Mond zu tragen, dann hab ich ein Ziel und geb erst eine Ruh, wenn das Flaschl am Mond ist.*

Da kannst du ja von Glück reden, dass dir mit achtzehn das Rennfahren eingefallen ist und nicht das Römerquelleflaschl-auf-den-Mond-Tragen …

Klar, das war mein Glück. Mit dem Grand-Prix-Sport hab ich mir zufällig etwas Medienwirksames ausgesucht, und danach ist mir die Airline eingefallen, das war zufällig auch wieder interessant für ein breites Publikum. Dadurch bin ich in eine Kontinuität geraten, die ich aber nicht angestrebt habe. Ich hab ganz sicher nicht gesagt, ich will groß und berühmt werden, wie es der Muhammad Ali gemacht hat. So eine depperte Idee darf dir nie kommen in deinem Leben, weil das ist ja kein Ziel.

Was ist der Sinn des Lebens?

Der liebe Gott hat uns auf eine breite Straße gesetzt, und auf der kannst du fuhrwerken, wie du willst. Du wirst versuchen, nirgendwo anzupledern, weil der liebe Gott hat dir nur diese eine Straße und kein Paradies gegeben. Du bist für dein eigenes Leben voll verantwortlich und musst wissen, was du daraus machen willst. Dass daneben noch ein anderer mitlenkt, ist ja offensichtlich. Irgendwas in dem ganzen System ist also vorgegeben und für uns als Schicksal rätselhaft. Aber innerhalb deiner Möglichkeiten musst du fuhrwerken wie ein Wahnsinniger: in schlechten Zeiten, um sie selber wieder besser zu machen, und in besseren Zeiten, um nicht abzuheben, sondern zu wissen, mein lieber Freund, die Landung kommt irgendwann einmal.

Glaubst du an den lieben Gott?

An einen übergeordneten Mitlenker unseres Lebens glaube ich schon. Aber nicht im Sinn von Leuten, die meinen, wenn sie jeden Sonntag in die Kirche gehen, können sie vorher die Alte prügeln und dann beichten und alles ist erledigt. So einfach kann es nicht funktionieren.

Wie gehst du in deiner Lebensgeschichte dir selbst gegenüber mit dem Absturz der Boeing 767 um?

Dass ich dabei zuallererst an das Schicksal der Betroffenen und die Trauer der Angehörigen denke, ist klar. Rein sachlich ist es so, dass die Schubumkehr der Boeing 767 einen gravierenden Konstruktionsfehler hatte und dass sich irgendwann irgendwo auf der Welt ein Fallbeispiel ergeben musste und man dadurch auf den Fehler draufkommen würde. Warum sich das Schicksal gerade uns ausgesucht hat, bleibt ein quälendes Mysterium. Danach kannst du dir nur aussuchen, ob du es zulässt, daran zu zerbrechen, oder deine ganze Kraft dafür einsetzen willst, da durchzukommen. Du weißt, dass ich versuche, mir jedes Problem logisch zu erklären, und in diesem Fall hab ich mir gesagt: Von mir ist verlangt, mit meinen Mitteln, was immer die sein mögen, da durchzukommen und nicht in Depression oder sonst wie zu versacken.

aabar

Sind in all den Jahren irgendwann noch irgendwelche Zweifel an der Absturzursache zurückgeblieben – bei dir oder auch bei den untersuchenden Behörden?

Null. Der Konstruktionsfehler wurde zu 120 Prozent nachgewiesen. Sonst wäre mein persönliches Problem ja ungleich größer gewesen, ich habe keine Ahnung, wie ich damit hätte fertig werden können. Dieses Gefühl stammt schon aus der Rennfahrerzeit: Was immer ich mir zumute, ich darf mit meinem Wahnsinn keinen anderen gefährden. Ich werd in meinem Leben nie vergessen, wie der Gilles Villeneuve dem Ronnie Peterson in Japan aufgefahren ist und in die Zuschauer geflogen ist (Großer Preis von Japan, 1977; Anm.), *es gab zwei Tote – was da in meinem Kopf vorgegangen ist. Ich wollte alles tun, um nie, nie, nie in eine solche Situation zu kommen.*

Themenwechsel. Kommen wir zu deiner Lebensweise, die für Leute, die dich näher kennen, doch sehr imponierend ist. Ich meine deine Art von Zeitmanagement, das dir erlaubt, trotz all dem Stress und der Verantwortung über die Jahrzehnte ausgeglichen und locker zu sein und eigentlich immer lockerer zu werden.

Ich nehme die Zeit unheimlich wichtig und kämpfe daher gegen die täglichen Zeiträuber und zeiträuberische Aktionen. Ich hab einen ausgeprägten Horror vor Leerläufen, die andere Menschen vielleicht nicht einmal als Leerlauf empfinden. Daher ziehe ich meinen persönlichen Rhythmus durch und passe mich nicht dem gängigen Tempo an. Die völlige Abschaffung höflichen Smalltalks ist ein gutes Beispiel. Sofort auf den Punkt kommen, danke, wiederschaun. Der Verzicht auf Herumreden. Ich mach lieber einmal in der Zeit einen Fehler durch eine allzu rasche Entscheidung als ein Leben lang herumlabern und Probleme verschieben. Geschäftsessen: Wenn ich gegessen hab und der Punkt besprochen ist, steh ich auf und geh. Dass das unhöflich wirken mag, nehme ich in Kauf. Um seine eigene Zeit zu verteidigen, muss man sich manchmal richtig egoistisch aufführen.

Mir persönlich taugt deine Selbstironie. Menschen, die sich selber auf die Schaufel nehmen, sind ein echter Segen. Bei Promis ist das ja eher selten. Hast du diese Eigenschaft immer schon gehabt, oder ist sie mit der Zeit gekommen?

Ich hab's auf die harte Tour gelernt. Wenn du dich einmal so verunstaltet hast wie ich, lebst du entweder dauernd mit einem belastenden Gefühl oder hupfst einfach drüber. Bevor ich darunter leide, dass mich einer blöd anschaut, frag ich lieber, ob er hier irgendwo ein Ohrwaschl gefunden hat, weil mir geht nämlich eines ab.

Ich hab zuerst zwar eher die Leichtigkeit der Selbstironie und nicht Sarkasmus gemeint, den hast du natürlich auch gut drauf. Ist das erst nach dem Unfall gekommen?

Schon. Vorher war ich durchaus ein braves Buberl. Bei dem Film, den sie jetzt im ORF zu meinem Fünfziger gemacht haben, gibt's eine Szene, da zeigen sie mich und die Mariella Reininghaus 1973 oder 1974. Ich hab eine Kuh gehalten oder ein Kalb und rede über die Formel-1-Saison. Wenn ich das jetzt seh, erschreck ich. Ich hab geredet wie der Wurz, na, nicht ganz so aufgedreht wie der Wurz, aber in der gleichen Abfolge, Handling, Oversteer, Understeer, alles todernst, schrecklich. Ich bin im Lauf der Zeit immer kürzer geworden, dadurch prägnanter. Mit der Altersweisheit ist halt dann auch der Witz gekommen … und natürlich die schützende Ironie von einem, der lädiert ist.

Wenn wir schon dabei sind, dich zu loben: Ich hab Freude an deinem Sinn für die Smoothness von Bewegungen, die Art, wie du etwas angreifst … das hat unsere gemeinsamen Fahrten und Tests immer recht vergnüglich gemacht.

Ich hab ein Talent, mit technischem Gerät umzugehen, so wie es logisch richtig ist. Dazu gehört der sanfte, harmonische Bewegungsablauf im Auto wie im Flieger. Ich hab den Ehrgeiz, nach einem Zwölfstundenflug nicht nur weich zu landen, sondern den Flieger auch ganz sanft am Gate abzuliefern, ohne Ruck und ohne harten Bremser, dass es alle beutelt. Gib einmal drauf acht, wie vielen Piloten das völlig wurscht ist. Und: Ich mag auch keine dreckigen Autos. Ein blöder Fingerabdruck kann mich so ärgern, dass ich das Auto gleich wieder waschen lass.

Hängt das mit deiner Erziehung in einer sehr großbürgerlichen Familie zusammen?

Aber wo. Das kommt von dem Gefühl, das ich beim Rennfahren entwickeln musste. Es wird kaum einen guten Rennfahrer geben, dem es wurscht ist, wie sein Auto ausschaut. Ideal war natürlich, wenn die Schönheit eines Formel-1-Autos sich total in Speed umsetzen ließ. Das ist ja das Geheimnis der Ferrari-Legende, dass Speed und Schönheit einander beflügeln. Davon lebst ja du und deine Kollegen – dass viele Menschen eine Wechselwirkung zwischen Schönheit und Performance nachempfinden können und sich interessieren, was es dazu zu sagen oder zu schauen gibt.

Wenn du das als Rennfahrer grundsätzlich draufhast, achtest du auf Details, schließlich wird ja die Aerodynamik schon von Winzigkeiten beeinflusst. So hab ich ein Gespür für die Perfektion einer Maschine entwickelt und konnte immer besser mit ihr leben. Beim Warmfahren eines Autos hab ich gespürt, wie das kalte Öl durch den Motor rinnt, zumindest hab ich es mir eingebildet. Natürlich weiß ich, dass die heutigen Motoren so konstruiert sind, dass du sie nicht mehr warmfahren brauchst, trotzdem tut's mir weh, gleich draufzusteigen. Und wenn ich mit dem Flieger hinausroll, dann sind all meine Antennen genauso ausgefahren wie damals, als ich mir gedacht hab, ich muss es besser machen als die anderen Rennfahrer.

Dieser Blick fürs Detail wird manchmal schon wunderlich. Wenn ich durch eine 777 mit ihren 344 Sesseln geh, kannst du sicher sein, dass ich gerade jenen Aschenbecher aufmach, in dem ein Kaugummi pickt, und dann sag, Herrschaften, warum ist der Flieger dreckig?

Was ist die romantischste Situation, an die du dich erinnerst?

(Denkt nur kurz nach.) *Wie ich mit dem Hans Kemetinger in einer Golden Eagle, das war ein Propellerflugzeug, Ende 1975, nach Genf geflogen bin, um die Marlene zu treffen. Da war ich schon Weltmeister, offiziell noch mit meiner früheren Freundin zusammen und musste auf die Medien aufpassen, wenn ich jemand treffen wollte, ohne dass es gleich in der Zeitung steht. Am Rollfeld sind wir hinter einem Follow-Me-Lotsenauto nachgetaxelt, und in dem Follow Me macht mir einer dauernd irgendwelche Zeichen, und ich denk mir, spinnt der da drin. Als wir zum Stillstand kommen, hupft die Marlene aus dem Auto und wachelt wie eine Wilde. Wie die in den Follow Me gekommen is', das darfst mich nicht fragen.*

Das war die romantischste Situation deines Lebens?

Jaja, das werd ich nie vergessen. Warum lachst so blöd, das ist doch romantisch, oder?

Klar, alles dabei, schöne Frau, Flughafen, Flugzeug, Auto. – Was wünscht du dir, heute, ganz sehnlich vom Leben?

Gesundheit.

Das ist alles?

Na klar, das ist wichtig. Das Ohrwaschl ist mir an'brennt, das Niernd1 klackert vorn, also was soll ich mir wünschen?

Hast du keine große übergeordnete Sehnsucht?

Irgendwas zu machen, was ganz anders ist. Was Gemütliches. In Uruguay Kühe züchten oder auf Haiti ein Zehn-Betten-Hotel aufmachen, irgend so eine Blödheit. Hauptsache, es ist das Gegenteil von dem, was ich jetzt mach. Also: auf sich selbst gestellt sein, in der Natur leben, woanders, in einem anderen Klima, unter anderen Menschen.

Also die klassische Aussteigergeschichte?

Schaut so aus.

Kann das ganz plötzlich passieren, durch irgendeinen Zufall? Zum Beispiel morgen?

Natürlich könnte es plötzlich passieren, man kann das nie ausschließen, aber im Grunde bin ich ein disziplinierter Mensch. Ich hab noch für dreieinhalb Jahre einen Vorstandsvertrag (bei Lauda Air; Anm.), *wo ich meinen Leuten verpflichtet bin und mir selber, also ich bin schon drauf eingestellt, diesen Vertrag mit Sicherheit einzuhalten. Erst dann stellt sich die Frage: Mach ich das Gleiche noch einmal oder ganz was anderes?*

Du wirst es uns rechtzeitig sagen, gell.

Lauda machte sich nie etwas aus Geburtstagen.
Dies ist sein Sechziger.

FERRARI

Wenn ein Bub auf die Welt kommt,
sagt er rasch einmal Papa und Mama,
dann bald Ferrari.
Haben Sie schon gehört,
dass ein Baby Toyota schreit?

(Niki Lauda)

Enzo Ferrari, 1956,
vor dem Sportwagen 860 Monza

Eine neue Zeit beginnt 1960:
Test des ersten Mittelmotor-Ferrari in Fiorano

E

Enzo Ferrari kam aus dem anderen Jahrhundert und war schon als Maultier-Hufschmied in einer Gebirgseinheit im Ersten Weltkrieg dabei. Er bekam einen Job als Testfahrer, was immer man darunter verstehen mochte, bei einer Firma, die Lastwagen-Recycling betrieb. In den 1920er-Jahren hatte er die Chance, sich als Rennfahrer bei Alfa Romeo zu versuchen, es waren hauptsächlich Bergrennen auf unbefestigten Straßen. Im ganzen Land spürte man schon die Schubkraft eines Regimes, das eindeutig mehr an die Macht der Maschinen als an die Schönheit der Künste glaubte. Geschwindigkeit wurde zum Fetisch der Epoche, nirgendwo dramatischer inszeniert als in Italien.

Enzo Ferrari fuhr gut zehn Jahre lang für Alfa, auch gegen Leute wie Alberto Ascari und Tazio Nuvolari, war oft genug an der Spitze dabei und gewann etliche der größeren Rennen. Deutlicher gesagt: Er war einer von denen, die manchmal Tazio Nuvolari geschlagen haben!

Aus den alten Schriften lässt sich herausbuchstabieren, dass er als Rennfahrer ein technischer Typ war, mit Kalkül, materialschonend. Daraus erklärt sich auch die Faszination, die der gegensätzliche Typ zeitlebens auf ihn ausübte, der des Instinktfahrers, des Vollgastiers – wie Nuvolari, Stirling Moss, Gilles Villeneuve. Enzo Ferrari selbst baute verdächtig wenig Stürze und kam praktisch nur dann ins Spital, wenn er Nuvolari besuchte.

1923, als 25-jähriger Rennfahrer, der noch die ganze Karriere vor sich hatte, begann er mit dem Verschieben von Dingen und Menschen. Er hatte die Organisation der Alfa-Sporteinsätze übernommen und machte Druck in Richtung Technik. Im Lauf der nächsten fünfzehn Jahre holte er die besten Ingenieure, darunter die Jahrhundert-Motorenkonstrukteure Jano und Colombo.

Wann war Enzo Ferrari als abgehobener Einzelner erkennbar, als ein Außerordentlicher?

Wohl 1931, 1932. Er hatte seinen eigenen Rennstall, die Scuderia, gegründet. Sie durfte den Namen Ferrari tragen, aber nur Autos der Type Alfa Romeo ins Rennen führen. Enzo Ferrari hatte das Talent, die besten Fahrer an sich zu binden. Da ging es sowohl um Klasse als auch Ausstrahlung. Das „erwachende" Mussolini-Italien war auf Heldentrip und

Enzo Ferrari 1920 auf Alfa Romeo

brauchte den Garibaldino-Rennfahrertyp als Heldenvorlage für werdende Soldaten. Idealbesetzung: Nuvolari.

Zufall oder nicht: Just zu jener Zeit wurde die Optik des Scuderia-Auftritts durch ein sehr hübsches, einprägsames Symbol bereichert: *cavallino rampante*, *prancing horse*, das springende Pferdchen. Ohne jetzt zwei Jahrhunderte zuvor mit dem Herzog von Savoyen und dem 2. Piemontesischen Kavallerie-Regiment zu beginnen: Das Pferd gehörte als Wappentier zur Staffel des Francesco Baracca, Italiens strahlendstem Fliegerhelden des Ersten Weltkriegs, im Tiefflug abgeschossen von einem österreichischen MG im Juni 1918.

Die Eltern des Helden, Graf und Gräfin Baracca, hatten Ferrari eher zufällig kennengelernt und boten ihm das Bildnis des Pferdchens als Glücksbringer für seine Rennwagen an. Das ist rund hundert Jahre her und lässt sich wunderbar über viele Seiten erzählen, ist auch oft verbessert und angereichert worden, die spätere Registrierung als Markenzeichen hat zu einer kurzen Verstimmung mit Porsche (Stuttgarter Wappen) geführt. Seither führen Ferrari und Porsche in neidloser Eintracht das gleiche Vieh spazieren, auf italienischer Seite allerdings mit sehr viel höherer Strahlkraft.

Mittlerweile kann man für die gesamte Geschichte des charmanten Pferdchens auf gesicherte Wahrheit zurückgreifen und dies in höchst empfehlenswerter Weise mit einem Besuch des Museums „Francesco Baracca" in Lugo bei Ravenna verbinden.

Wir sind aber noch in den 1930er-Jahren, Enzo Ferrari arrangierte sich mit der Mussolini-Zeit, auch mit ihrer patriotischen Schwurbelei, ohne sich sein Lebensprofil ernsthaft zu vermasseln. Der Dichter- und Kriegerfürst Gabriele D'Annunzio hatte die Figur des „todesmutigen" Rennfahrers Tazio Nuvolari zur Projektion seines Bilds von Genius, Sieg und Rasse erwählt. Etliches davon färbte auf den Rennleiter Ferrari ab, der seine eigene Art von Pathos einbrachte. Das gehörte also auch schon zum Zauber des Namens Ferrari, lang vor der Gründung der Marke.

Die Zeit des Faschismus und des Kriegs hat er in der möglichst neutralen Ecke des nützlichen Technikers überstanden. Technik und Erfolg waren ihm immer gut genug, er musste sie nie verbrämen mit irgendwelcher Ideologie, vor allem aber war er bauernschlau. Vielleicht hatte er Mussolini sogar durchschaut, wir finden dazu keine verlässliche Aufzeichnung.

Die Umbrüche hatten es mit sich gebracht, dass Ferraris Betrieb (nunmehr Werkzeugmaschinen) stark wuchs und wegen der Nazi-Befehle zur Industrie-Dezentralisierung aus Modena verlegt werden musste. So ergab sich der Standort Maranello, und bei Kriegsende verfügte Enzo Ferrari über ein vergleichsweise weitläufiges Industriegelände. Weiteres Startkapital waren sein guter Name, seine Beziehungen (Nuvolari meldete sich zurück: „Ich bin bereit, Ferrari") und die besten Beute-Ingenieure vom Vorkriegspartner Alfa Romeo.

In diesem Gründungsjahr der Firma, also 1947, war Ferrari 49 Jahre alt.

Einziges Geschäftsfeld, vorerst: Konstruktion von Rennwagen, die aber, wenn's wirklich sein musste, auch auf der Straße gefahren werden konnten. Hilfreich in dieser Auslegung war der Text des ersten gedruckten Ferrari-Prospekts, der sich in der Übersetzung so liest: „Bevor Sie sich für Ihre zukünftige sportliche Tätigkeit entscheiden, bevor Sie einen Wagen kaufen, der Ihren Ansprüchen genügt, geben Sie uns die Ehre, denken Sie an die Scuderia Ferrari und schreiben Sie uns. Vielen Dank."

Es war absolut sensationell, im finstersten Nachkriegs-Italien ein neues Sportauto auf die Räder zu stellen, ansonst wurden höchstens die alten Kisten von Alfa und Maserati aus den Scheunen geholt. Und, mit welchem Material auch immer, es wurden auch gleich wieder Rennen gefahren, diese Nation war tatsächlich rennsportverrückt.

Zur allgemeinen Verrücktheit kam der süße Wahnsinn des Enzo Ferrari, gleich einmal einen Zwölfzylinder in Auftrag zu geben, obwohl es dafür nur anderthalb Liter Hubraum gab, festgelegt vom Reglement. Wieder ein Puzzlestein zur historischen Verklärung: Ferrari fabulierte von „la canzone del dodici", dem Lied des Zwölfers, das so unvergleichlich schöner sei als das Brodeln der Achtzylinder.

Dieser Mut zur eigenen Phantasie, die Kraft zum tatsächlichen Vollzug von Visionen führen zum Kern des Phänomens Ferrari. Er war kein gelernter Ingenieur, auch kein gelernter Unternehmer, aber er konnte sich als Führer glaubhaft darstellen und die richtigen Leute für den richtigen Job gewinnen.

Bald wurden die klassischen Rennen wiederbelebt, Mille Miglia und Targa Florio, und 1950 erfand man sogar eine völlig neue Liga. Man nannte sie Formel 1.

Nur fünf Teams waren für die erste Weltmeisterschaft aufzutreiben, drei italienische (Alfa Romeo, Maserati und Ferrari) und zwei französische (Gordini, Talbot). Ferrari war als Erster mit neu konstruierten Autos fahrbereit, also nicht mit überwinterten Vorkriegsmodellen, und schon 1952 hieß der Weltmeister Alberto Ascari – auf Ferrari.

Enzo Ferraris Charisma, gefüttert mit mancherlei Listen und erstaunlicher Bigotterie, kam immer besser zur Geltung. Er war ja auch einer der wenigen Motorsportmenschen, die als Sprücheklopfer schon eine gewisse mediale Reichweite hatten. Als ein Ferrari zum ersten Mal Alfa Romeo besiegte, jammerte Enzo Ferrari: „Ich habe meine Mutter getötet."

Als sich die ganze Welt weiter erholte, war Ferrari also wie selbstverständlich ganz vorn, auch wenn die wirtschaftliche Dimension der ganzen Branche noch lächerlich war.

Es ging dann alles sehr schnell, mittendrin auch schroff bergab. Ein Unfall mit elf Toten führte 1957 zum Ende der Mille Miglia und zu einer Anklage gegen Ferrari, er habe seinen Fahrer mit unpassenden Reifen ins Rennen geschickt und damit das Unglück ausgelöst. In den folgenden unsicheren Monaten traute sich Ferrari nicht ins Ausland (Kosmopolit war er aber wahrlich nie gewesen), und als die Luft wieder rein war, machte er das Daheimbleiben zur Gewohnheit. Das sollte auch für Niki Lauda eine Rolle spielen, der damals allerdings erst acht Jahre alt war.

Mit dem Auftauchen der englischen und deutschen Hersteller und frisch erworbenem Ruhm neuer Weltstars wie Juan Manuel Fangio und Stirling Moss hatte der Rennsport enorm an Volumen gewonnen, konnte sich aber kaum noch selbst ernähren, es gab mehr Pleiten als Erfolgsstories.

Auch die Firma Ferrari war bedrängt, und man förderte langsam den Verkauf von (grenzwertig sportlichen) Straßenautos. Man fand auch einen Agenten in den USA, und ein paar hundert Autos pro Jahr konnten schon abgesetzt werden. Die Autos sahen so aus, wie italienische Autos in den 1950er-Jahren einfach aussehen mussten: Sie nahmen „italienisches Design“ vorweg, ein paar Jahre vor der Weltgeltung des Begriffs.

Ob dem Motoren-Freak Enzo Ferrari die Ästhetik überhaupt wichtig war? Schwer zu sagen, denn der Mann hockte mittendrin in jenem Kraftfeld Norditaliens, aus dem sich das italienische Design-Wunder entwickelte: Architektur, Industrie, Möbel, Mode, schließlich ein ganzes Lebensgefühl. Wenn man in den fünfziger Jahren in Modena lebte und einen „Pinin“ Farina zum Freund hatte, war es die selbstverständlichste Sache der Welt, das Handwerk, das man betrieb, in den Formen eines Jahrhundertkünstlers auszudrücken.

Farina und Scaglietti, Anderloni und Vignale, Michelotti und Bertone, über diese Leute musste Ferrari einfach stolpern, und er stolperte jedenfalls nicht schlecht. Es ergaben sich Verbindungen von Technik und Emotion, die wir längst als Kunstwerke verstehen, heute vielleicht ein bissl gelangweilt von den Abermillionen am Preiszettel eines obszönen Markts. Enzo Ferrari hätte vor Rührung eines seiner riesigen Schnäuztüchln hervorgezogen.

In den 1960er-Jahren war der Ford-Konzern eine Weltmacht mit sportlichem Image. Für die Amerikaner lag nahe, die eigenen Ambitionen mit einem kleinen Schmuckstück wie Ferrari aufzupeppen. Die Kaufverhandlungen scheiterten an der Sturheit und den hemdsärmeligen Manieren Enzo Ferraris. Durch einen Rachefeldzug, der hauptsächlich

Lauda wurde für die Saison 1974 von Enzo Ferrari ins Team geholt. Es folgten stürmische Zeiten, Zerwürfnis und Versöhnung, fünfzehn Grand-Prix-Siege und zwei Weltmeistertitel.

in Le Mans ausgetragen wurde, vermehrte Ford zwar auch den eigenen Ruhm, vor allem aber den globalen Stellenwert von Ferrari. Was immer in Jahrzehnten an Filmen zu dem Thema gedreht wurde: Auch wenn die Amerikaner gewannen, kam Ferrari am besten rüber.

In der Zeit um 1970 war Ferrari wirklich schon eine glamouröse Firma, aus der Tiefe der Racing History, veredelt durch die ikonischen Straßenfahrzeuge, legitimiert durch sechs Weltmeistertitel in der Formel 1.

Just in diesem Topsegment, dem Grand-Prix-Sport, gab es aber eine langanhaltende Flaute, weil Ferrari gefühlt ewig (also seit 1964, mit John Surtees) ohne WM-Titel geblieben war. Da ein solches Thema längst eine gesamtitalienische Affäre war und sich Enzo Ferrari als Archetyp eines Medien-Junkies aufführte, wurde es langsam ungemütlich. Peinlich auch wegen der gern geübten Überheblichkeit – Enzo Ferrari hatte die kleinen englischen Rennställe als „garagisti" verhöhnt, und nun hatten Lotus, McLaren, Brabham und Tyrrell offensichtlich die progressiveren Autos. Dazu passten eindrucksvolle Fahrerpersönlichkeiten wie Emerson Fittipaldi und Jackie Stewart.

Wie bei jedem Rennen war Enzo Ferrari nicht persönlich angereist, sondern saß vor dem Fernseher, als 1973 der Grand Prix von Monaco lief. Dort sah er die Vorstellung eines jungen Österreichers, der sich mit einem glanzlosen BRM, also einem wirklich unterlegenen Auto, den Star des Ferrari-Teams vorknöpfte: Jacky Ickx. Der war zwar eindeutig einer der Weltbesten, aber zuletzt etwas glücklos. Man mag sich die Wut des alten Herrn vorstellen: Vorneweg die beiden Champions dieser Ära, Stewart auf Tyrrell, Fittipaldi auf Lotus, dahinter gleich ein Nobody aus einem kaum ernst zu nehmenden Team, dann erst Ferrari. So ging das zwanzig Runden lang, dicke Luft im Fernsehraum in Maranello: Wie sich die Entourage des Chefs dauernd entschuldigte, es war ja auch wirklich skandalös.

Sechs Wochen später war Lauda im Regentraining von Holland der Schnellste des ganzen Feldes, damit fügte sich das neue Bild des Rennfahrers zusammen. Ferrari beauftragte den später berühmt gewordenen Luca Cordero di Montezemolo damit, diesen jungen Österreicher einzufangen und vorzuführen.

Der wird Jahrzehnte später sagen: *Dass ich heute der Niki Lauda mit dem roten Kappl bin, habe ich nur Ferrari zu verdanken. Ich bin durch ihn gemacht worden.*

Luca Montezemolo (Mitte) war zuerst als Rennleiter die Schaltstelle zwischen Chef und Pilot, später kehrte er als Präsident zurück zur Firma und holte Lauda als Berater.

Der Mann

Enzo Ferrari (* 1898, Modena, † 1988, Modena) geriet nach dem Ersten Weltkrieg in die allgemeine Begeisterung für Automobile. Er durfte sich als Rennfahrer versuchen, hatte Talent und Erfolge und fiel durch organisatorisches Geschick auf. Anlässlich der Geburt seines Sohnes Alfredo „Dino" trat er 1932 vom aktiven Rennsport zurück. Wäre es eine Tochter geworden, hätte er noch nachdenken müssen, jedenfalls hat er es so gesagt.

Der Rennstall

Die Scuderia Ferrari war in den 1930er-Jahren verantwortlich für die Einsätze der Werkswagen von Alfa Romeo. Berühmtester Rennfahrer unter dem Einfluss von Ferrari war Tazio Nuvolari. Die Scuderia betrieb zwar keine eigene Fertigung, erwarb aber schon ein weitläufiges Gelände nahe Modena. In dieser Zeit entstand Ferraris Netzwerk aus Automenschen der nördlichen Industrieregion Italiens.

Die Marke

Ferraris Bindung an Alfa Romeo lief aus, es konnte 1947 erstmals ein Rennwagen unter dem Namen Ferrari gebaut werden. Das springende Pferd wurde zum Markenzeichen.

Die Firma

Mit der Produktion von straßentauglichen Sportwagen ließ sich der Rennsport in den 1950er- und 1960er-Jahren halbwegs finanzieren. Wichtigster Markt waren die USA, bis dort immer strengere Verkehrs- und Umweltmaßnahmen gültig wurden. 1963 lehnte Enzo Ferrari ein Übernahmeangebot von Ford ab, 1969 stieg Fiat bei Ferrari ein. Heute ist Ferrari eine Aktiengesellschaft: Größter Gesellschafter ist die Holding der Agnelli-Familie.

BESUCH IN FIORANO

Als Niki Lauda und Enzo Ferrari noch vernünftig miteinander reden konnten.

Das Hauptgebäude in Maranello umfasste sowohl die Fertigungsanlagen wie auch Büroräume. Die Teststrecke lag ein paar Minuten außerhalb in Fiorano. Mittlerweile wurde der ganze Komplex zu einer Mainstream-Erlebniswelt zurechtgerückt.

Ferrari

Skizze aus dem analogen Alltag, 1976

Ferrari

Ich übernachtete in Nikis luftigem Haus bei Salzburg. Lauda besaß noch beide Ohren, leider nicht mehr lange, denn es war schon Juni 1976. Er war regierender Weltmeister und führte auch haushoch in der laufenden WM, ein echter Gegner war nicht einmal erkennbar.

Marlene spielte mit großer Beharrlichkeit Randy-Newman-Platten über beide Stockwerke. Sie machte Frühstück um sechs in der Früh. Frühstück um sechs! Marlene!

In der Garage stand der Jaguar am günstigsten. Am Salzburger Flughafen wartete Hans Kemetinger, der Mann, der dem Niki das Fliegen beibrachte. In der zweimotorigen Cessna Golden Eagle mit Niki als Copilot ging es nach Bologna, Sante Ghedini holte uns ab, um neun waren wir im Werk in Maranello.

Niki fuhr hinüber zur Teststrecke nach Fiorano, um seinen Einsatzwagen für den Grand Prix von Schweden zu überprüfen, ich keilte derweilen im Büro mit Daniele Audetto herum, dem Ferrari-Rennleiter, der zuvor bei Lancia einer meiner Rallye-Kumpel gewesen war.

Das gewaltige Problem, das es zu besprechen galt: Ich war im Auftrag von „Playboy“ unterwegs, sollte ein Porträt des Enzo Ferrari schreiben, garniert mit einem Interview.

Audetto: „Der alte Herr gibt kein Interview für ‚Playboy‘, das hab ich dir schon am Telefon gesagt. Er hat auch gesagt: Wenn diese Leute zu uns kommen, will ich nichts davon wissen, ich will es überhaupt nicht erfahren.“

Wir Jungen hatten ja keine Ahnung von der unglaublichen Bigotterie des Enzo Ferrari, der es immer ordentlich hatte krachen lassen, diese Dinge wurden erst nach seinem Tod bekannt. Noch glaubte man ihm selbstverständlich seine tiefe Sorge um den Verfall der Moral. „Playboy“, uggh.

Audetto: „Du könntest ja als ‚Autorevue‘ auftreten, das löst das Problem.“

„Aber die Geschichte erscheint im ‚Playboy‘, das ist doch Betrug.“

„Er wird es nicht sehen“, sagte Audetto milde, also kann es auch kein Betrug sein, wollte er in typischer Ferrari-Logik ausdrücken.

Wir fuhren nun auch hinüber nach Fiorano, Audetto stellte mich vor, „Autorevue“, Freund von Niki … und der alte Charmeur lächelte ganz freundlich und sagte, die Freunde von Niki sind auch meine Freunde.

Daniele Audetto (rechts) moderierte unseren Besuch bei Ferrari und an der Teststrecke.

In seinem Tross waren Piero Lardi (Ferraris unehelicher Sohn, der noch ein paar Jahre dunsten musste, bevor er seinen Namen auf Ferrari umschreiben durfte), Cheftechniker Mauro Forghieri und nun eben auch Daniele Audetto. Die Herren schauten zu, wie Niki seine Runden abspulte, blickten auf die Uhren, wiegten die Köpfe und sagten schlaue Sachen.

Die Partie verlagerte sich ins „Cavallino" vis-à-vis vom Ferrari-Hauptportal. Das war ein nettes Lokal. Die ersten zwei Räume waren fürs Volk, der dritte für Fahrer und die Granden des Rennteams. Im vierten Raum speisten Enzo Ferrari und Piero Lardi, und die Kellner mussten beim Servieren die Tür immer rasch öffnen und schließen.

Zuvor hatte uns Ferrari noch im dritten Raum die Ehre gegeben. Die Hosenträger hielten sein Beinkleid in Brusthöhe. Die Hose war eher luftig geschnitten und erlaubte guten Zugriff, um sich hingebungsvoll zu kratzen, auch mal eine Handvoll hochzuschupfen für den Untergriff. Ich war fasziniert und wusste nicht, wo ich hinschauen sollte. Seine geübte Umgebung hatte Routine im Wegschauen, was sich vor allem dann lohnte, wenn Ferrari ein fast leintuchartiges Ding aus der tiefen Hosentasche zog, um nach gewaltigem Räuspern hineinzuspucken, und zwar nachdrücklich, mit Nachschlag.

Bis ich begriff: Ferraris Tross hat sich so gut dran gewöhnt, dass auch diese Art von Körperlichkeit als Ritual abgehakt wird.

Alles hier läuft über Rituale, selbst das Nichterscheinen zu den Rennen ist ein Bekenntnis. Der tägliche Gang ins Büro, auch an Sonn- und Feiertagen, zu Weihnachten und Neujahr. Er duzt seine Vertrauten, sie siezen ihn. Jeden Samstag würde er seinen alten Kumpel Sergio Scaglietti anrufen (nie umgekehrt). Ferrari würde beiläufig fragen: „Was treibst du so, Scaglietti?", und der würde antworten: „Nichts, Ingegnere." Daraufhin würden sie sich zum Essen verabreden, unveränderlich an jedem Samstag. Ja, dieser Scaglietti, der Jahrhundert-Designer.

Zur Zeit unserer Geschichte war Ferrari 78 Jahre alt, und sein „echter" (ehelicher) Sohn Dino seit zwanzig Jahren tot. Dino ist dauernd präsent, in Wort und Bild und brennenden Kerzen, in Widmungsworten und Typennamen von Ferraris.

Enzo Ferrari hat immer wieder gesagt, dass der Tod seines Sohnes das schwerstwiegende Ereignis seines Lebens war. Berühmt ist sein Satz, wonach die Liebe zwischen Mann und Frau zu sehr von sexuellem Begehren überlagert sei, daher „ist die einzige große und tiefe Liebe, die auf dieser Welt möglich ist, die eines Vaters für seinen Sohn". Nicht schlecht zurechtgerückt für den Fall, dass man Frauen nimmt, wie's halt so kommt, so dürfte es bei Ferrari bis ins hohe Alter gelaufen sein.

Der Präsident lässt bitten. (Es ist die „Presidente"-Zeit, zuvor sprach man ihn mit „Cavaliere" und „Commendatore" an, später fand er seine Lieblings-Anrede „Ingegnere", als ihn die Universität Bologna endlich zum Ehren-Ingenieur geadelt hatte.)

Das berühmte karge Arbeitszimmer: Strenges Dunkelblau an den Wänden, das beklemmend düstere Bild des verstorbenen Sohnes beherrscht den Raum, eine Kerze brennt.

Ferrari kommt auf Lauda zu sprechen, wie sehr er ihn mag. Drei Jahre zuvor hatte er Niki im unterlegenen BRM beim Grand Prix von Monaco im TV gesehen und zu Montezemolo gesagt, den Burschen sollten wir uns holen. Wie wohl Laudas Leben ansonsten verlaufen wäre?

Man sieht dem alten Herrn eine gewisse Strenge an, allzeit bereit für eine Rolle im Mysterienspiel. Wie sieht er sich selbst?

„Wenn ich morgens in den Spiegel schaue, verstehe ich mich nicht", sagt er so tonlos, ohne jede Gestik, sodass man nicht als Bonmot werten will, was da rauskommt. Wie: Resignation vor der Selbstverständlichkeit, nicht alle Dinge im Leben verstehen zu können.

Er ist nicht heikel, da darf man schon fragen, wie er sich die Zukunft Ferraris nach seinem Tod vorstellt. Damals war immerhin klar, dass die Persönlichkeit des Alten über jedem Bilanzrechnen des Fiat-Konzerns steht. Aber danach? Würde Fiat eine (mäßig) verlustbringende Firma ewig halten – zur Ehre Italiens und zur Legendenpflege?

Enzo Ferrari: „Ob die Firma weiterleben kann, wird einzig und allein von der politischen Situation abhängen.“ (Vorausahnung der Heuschrecken-Ära?) Aber im Übrigen gehöre der Blick in die Zukunft nicht mehr zu seinem Job: „Ich empfinde keine Spannung für das, was nach mir sein wird.“

Welches von seinen Autos hält er für das beste?

„Das, das ich noch nicht gebaut habe“, kommt als rasche Antwort. „Ich habe an allen meinen Autos so viele Fehler gefunden, dass ich nicht von einem einzigen behaupten könnte, es sei gut gewesen. Sie haben alle zu viele Fehler gehabt, alle.“

Welches Auto fährt er selber?

„Einen Fiat 131.“

Warum keinen Ferrari?

„Haben Sie gesehen, was der kostet?“

Wir quatschen noch über die Rennerei und die sagenhafte Überlegenheit Laudas in diesem Jahr (sieben Wochen vor dem Nürburgring-Unfall).

Ferrari schenkt mir ein außerordentliches Buch, einen Privatdruck, der später die Grundlage für „Le mie gioie terribili“ abgeben würde, „die schrecklichen Freuden“, der Titel als Tribut an manchen Todessturz unter seinen Piloten. Sorgfältig schreibt er die Widmung mit der sagenhaften violetten Tinte, die zum Kult der überlebensgroßen Figur gehört.

Niki hat schon eingepackt, der Fiat steht bereit, in Bologna läuft die Cessna warm. Ein Stündchen später segeln wir durch die Berge nach Salzburg hinein.

Es war das letzte, vielleicht vorletzte Mal gewesen, an dem Lauda und Enzo vernünftig miteinander reden konnten. Vernünftig, das heißt: unbelastet, ohne Drama, ohne Tricks und Argwohn, ohne Zorn.

AUTOREVUE

Für einen Mann mit Perspektive war dieses Magazin essenzielle Lieblingslektüre ab den 1970ern.

Gern gesehen: Coverboy mit Nachhaltigkeit

parmalat
Racing
auto
revue
SKI
SONDERTEIL
Das komplette Angebot:
Alle Skier
Alle Bindungen
Alle Schuhe
Fiat 2000
auto
revue
LAUDA:
Mein Weg
zu Ferrari

I

Ich traf Niki zum ersten Mal im Juni 1971 beim Formel-2-Rennen in Rouen. Das Österreich-Vorspiel seiner Karriere hatte ich irgendwie verpasst. Ich fand Rallyes aufregender, abgesehen natürlich von Jochen Rindt.

In Österreich hatte man das Gefühl, dass irgendwas, irgendwer, vielleicht etwas Großartiges kommen sollte, um die dauernd beschworene „Nachfolge“ Jochen Rindts abzurufen. Jochen Rindt war im September 1970 in Monza zu Tode gestürzt.

Niki Lauda gehörte zu denen, die aus österreichischer Sicht unter Beobachtung standen, wie Helmut Marko und Dieter Quester. Ich sollte für das Sport-Panorama im ORF ein Filmchen darüber machen, wie sich der Jüngste der drei, also Lauda, im Umfeld der Weltklasse aufführte. Weltklasse, die war vor allem durch Ronnie Peterson definiert – das Maß der Dinge für junge Stars, die sich einstweilen hinter Jackie Stewart anstellten.

Lauda schlug sich ehrenvoll an jenem Rouen-Wochenende, eigentlich sensationell im Vergleich mit Ronnie Peterson. Niki war optisch noch nicht sehr einprägsam für ein breiteres Publikum, eher ein „Zniachtl“ in der gutmütigen Version der Wiener Typologie, er hatte etwas Nettes, Hasenartiges. Der strahlende Helmut Marko, altersmäßig zwischen Quester und Lauda, war ein bissl voraus.

Man muss jetzt etwas über die „Autorevue“ und erfreuliche Zeiterscheinungen sagen. Das bescheiden, aber appetitlich gemachte Magazin wurde ab 1965 in Wien verlegt und war so etwas wie das Zentralorgan der unbekümmerten Freude am Motorsport. Das Genre hatten wir nicht erfunden: In der Schweiz gab es schon das fabelhafte „powerslide“, und in England hatten die Leuchttürme „Autosport“ und „Motoring News“ die Richtung gewiesen. Es gab auch gepflegte Traditionen auf die Art von „L’Automobile“ in Frankreich, aber so brav sollte es hier auch wieder nicht sein. Den „Autorevue“-Gründern Norbert Orac und Martin Pfundner hatte es gefallen, mich mit schlanken 24 zum Chefredakteur zu berufen. Chefredakteur geht als Euphemismus durch, zuerst war’s ein One-Man-Job, bis Axel Höfer vom Bundesheer zurückkam, dann waren wir zwei. Wir durften auf die freie Mitarbeit der Besten und Begeistertsten unserer Neigungsgruppe zählen, Paul Frère und Richard von Frankenberg, Julius Weitmann und Bernard Cahier, Heinz Prüller und Helmut Zwickl und Dieter Stappert, Alois Rottensteiner und Hans-Peter Kumpa. In den ernsthaften Medien scherte man sich nicht so sehr um Autos und Motorsport. Wir als „Autorevue" waren eine Bedürfnisanstalt, und weil wir halbwegs ordentlich mit Text und Bild umgingen, fanden die Richtigen zu uns.

Natürlich war auch Lauda unser Leser, er hat später sogar gesagt: *Die „Autorevue" war die absolut essenzielle Lektüre für einen jungen Mann mit Perspektive.* Und: *Ich war wieder in tiefstem Geld- und moralischem Notstand, als die Jännernummer der „Autorevue" 1968 erschien.* Da gab's eine Kleinanzeige, die ihn zu seinem ersten rennmäßigen Auto führte, das war die ernsthafte Version eines Mini Cooper. Es war der Beginn von Nikis unglaublichem Tricksen mit besseren Autos und höheren Krediten.

Seit dem Rouen-Rennen hatte ich Kontakt mit Niki gehalten. Was ich schrieb, hauptsächlich über Rallyes, gefiel ihm. Und als er langsam Karriere machte, war es auch ein wunderbarer Glücksfall für unsere Zeitschrift und uns selber. Im Zug dieses Aufschwungs wollten wir gleich ein Buch machen. Niki würde die Welt der Formel 1 schildern, Fritz Indra würde die Technik erklären. Ich würde alles auf halbwegs Deutsch zusammenführen, und wir hatten jede Menge Fotos und technische Skizzen.

Niki lebte in Salzburg mit Mariella Reininghaus in einer kleinen Wohnung. Er, Fritz Indra und ich vereinbarten die nötigen Termine in Nikis Gegend, irgendwie kam das altbekannte Wirtshaus Gmachl in Bergheim (nicht Elixhausen) ins Spiel.

Es waren höchst entspannte Sessions beim Gmachl. Zum ersten Mal, gefühltermaßen, wurden die Wahrnehmungen eines Top-Piloten mit der Kenntnis eines vifen jungen Technikers zusammengeführt. Indra hatte sein Doktorat an der Technik-Uni Wien gemacht, war nun Entwickler bei Alpina und hatte eine tolle Karriere vor sich, die ihn zu den höchsten Weihen bei General Motors in Detroit führen würde. In der Jetztzeit begegnet man Indra in den europaweiten Foren, wenn es um die Perspektive für den Verbrenner gegenüber der allzu furiosen Batterie-Politik geht.

Bei einem dieser Arbeitstreffen im Sommer 1974 führte Niki ein Telefonat von der Schank des Wirtshauses. Beim Zahlen sagte er, da gemma nimmer her, bei solchen Preisen fürs Telefon. Da kannte er keinen Spaß, obwohl er ja seine Hungerleiderzeit schon hinter sich gelassen hatte. Schade um den Gmachl, den wir ja wirklich gern gehabt hatten.

Natürlich war Telefon ein grundsätzliches Thema für einen Menschen, der dauernd unterwegs war. Lauda war dann, viel später, in meinem Umkreis der erste Mensch mit Autotelefon, dann tragbarem Gerät. Es war allerdings noch zu klobig, um als „Handy" durchzugehen. Niki hatte auch immer einen zweiten Akku dabei, bis sie dann wirklich kam, die moderne Zeit.

PÖTZLEINSDORF

Kein hochbegabter Achtzehnjähriger
rechnet mit Raureif
nachts auf der Brücke.

Gute Miene zum ungeliebten Sport. Lauda hat nur schlechte Erinnerungen an die Reitstunden.

A

Als sich Lauda bei der Siegerehrung in Monaco zum Handkuss für Fürstin Gracia Patricia beugte, war das eine derart selbstverständliche Bewegung, als könnte es gar nicht anders sein, elegant selbst in den feuerfesten Klamotten, eine Viertelstunde nach der Zieldurchfahrt des Grand Prix 1975.

Die Medien waren begeistert, rühmten diese im Rennsport nie gesehene Courtoisie, was allerdings nicht stimmte, denn Juan Manuel Fangio hatte schon 1957 diese Haltung eingenommen – bei derselben Prinzessin, sie hatte gerade ein Jahr zuvor nach Monaco geheiratet. Das Wohlbenehmen des Argentiniers, der auf Maserati gestartet war, ließe sich, wenn man will, auch von den italienischen Wurzeln der Familie ableiten.

Niki hatte keine Ahnung von Tradition oder Nichttradition, er war mit Handkusspflicht gegenüber Tanten und Wahltanten aufgewachsen, man musste ihn nicht vor Schmatzkontakt warnen. Benimmregeln waren kein Thema für ihn, er hatte sie einfach drauf, bei Bedarf. Der Bedarf wurde im späteren Leben immer geringer, eher nur für Notfälle.

Als ich ihm vor fünfzig Jahren Erinnerungen an die Kindheit herauskitzelte, durfte ich bei seiner Mutter in der Pötzleinsdorfer Villa antanzen, um ein paar Fotos rauszusuchen. Sie war sehr freundlich und fand es gut, dass es am Ende sogar ein Buch über ihren älteren Buben geben würde. Da war jedenfalls keine Rede mehr von Abwehrhaltung gegenüber dem Rennsport. Das große Album war natürlich tabu, aber wir fanden in der Schachtel daneben ein paar der typischen 12 × 8-cm-Familienfotos, die komplett ausreichten, um sich den sehr jungen Niki im Detail vorzustellen.

Passend zu den Fotos aus dem Fundus der Frau Mama erzählte Niki seine G'schichten:

Ich musste, auch wenn es nicht sehr kalt war, Schal und Mantel tragen und einen Steirerhut aufsetzen. Mein Bruder und ich waren immer gleich angezogen, wir kamen daher wie zwei kleine Deppen. Ich sehe eine Situation noch haargenau vor mir. Ich war ungefähr elf oder zwölf und musste zum Zahnarzt wegen der Regulierung. Ich stand mit meiner Mutter an der Ecke zum Forum-Kino und wartete auf die Straßenbahn. Ich schaute nur auf den Kanaldeckel: Immer, wenn ein Auto drüberfuhr, machte es tack-tack. Wenn ich mich jetzt bemühe, mir vorzustellen, wie ich damals an der Ecke stand, im Mantel, mit Schal und Steirerhut: Ich glaube, ich war ein ziemliches Seicherl.

Beginn mit 25 PS: Ein zerlempertes Käfer-Cabrio, gleiches Baujahr wie Niki, konnte auf dem Privatgrund des Großvaters in Niederösterreich bewegt werden.

(Zur Herkunft von „Seicherl" gibt es etliche liebenswerte Abhandlungen. In der strengen wienerischen Auslegung meinen wir ein mut- und glanzloses Geschöpf.)

Wir fanden auch Fotos vom Reiten. Niki erzählt:

Trapp-trapp, trapp-trapp, das Pferd kommt aus der Box. Ich habe reiten lernen müssen, wie es in den guten Familien üblich war. Jedes Mal, wenn ich in die Reitschule gekommen bin, hat mich schon der Geruch angewidert. Und wenn dann das Pferd rausgeführt worden ist und ich das trapp-trapp gehört habe, ist mir schlecht geworden. Ich hab einen richtigen Druck in der Hose gespürt und bin in den ersten Stock raufgeschossen, zum Klo.

Er hat später tadellos reiten gelernt, wie der Stand es befahl. Es hat auch als Erwachsener noch funktioniert, aber nicht eindrucksvoll genug, um es öfter zu tun. Wir haben nach Jahrzehnten noch einmal über das Reiten geredet, dreihundert gewonnene oder verlorene Autorennen später, und dem Niki war auch gerade wieder ein bissl übel. Der Wickel zwischen AUA und Lauda Air war am Dampfen. Lauda sagte, er würde eventuell nach Uruguay gehen, zum Rinderzüchten.

Meine Kühe fressen nur Gras und kriegen das Lauda-Qualitätssiegel. In der Früh hau ich mich aufs Pferd und reite meine Grenzen ab, ob sich ja keine Kuh verlaufen hat …

… kannst du überhaupt noch reiten?

Klar, das verlernt man nicht. Also, wenn sich eine Kuh verstolpert hat, fang ich sie mit dem Lasso ein und bring sie zurück … wie man sich das als Unternehmer-Aussteiger in den 90er-Jahren vorstellte.

Die Glanzlichter aus Pubertät und Spätpubertät (damals war man überhaupt drei oder vier Jahre später dran, sagt die Wissenschaft) begannen mit Ferien auf dem großelterlichen Gut im südlichen Niederösterreich. Auch bei knappem Taschengeld kam in der Lauda-Familie einiges zusammen, und damit kaufte der Bub um 1.500 Schilling ein VW-Cabrio, das genauso alt war wie er, aber irgendwie älter ausschaute. Mit dem zerlemperten Gerät konnte man ohne Führerschein auf dem Privatgelände herumdüsen. Es gab auch eine selbst gebastelte Sprungschanze, Lauda hatte unterschiedliche Rekordweiten in Erinnerung, 22 oder 30 Meter.

In diesem entscheidenden Alter, also mit fünfzehn, bekam Lauda ein Gefühl für das wirklich Wichtige im Leben: *Ich sehe noch die Bilder von dem Dicken (das war, mit allem Respekt, Paddy Hopkirk) mit dem Mini vor mir, mit den tausend Scheinwerfern und den Lederriemen an der Motorhaube, und es wurde dauernd über die Handbremse geredet und was man damit alles anstellen kann. Dass ein derartiges Auto die Rallye Monte Carlo gewinnen konnte, war einfach riesig.*

Der jüngere Bruder, Florian, wurde Privatgelehrter und spendete Niki eine Niere.

Ein Mini Cooper war das ultimative Auto-zugleich-Sportgerät für eine ganze Generation von jungen Träumern. Im echten Leben lief es nicht so brillant. Lauda flog zweimal vom Gymnasium, hoffnungslos, musste in die Maturaschule übersiedeln. Da war er schon achtzehn und hatte den Führerschein. In Wien gab es einen Geflügelkönig und Fußballpräsidenten, und dessen Sohn Peter saß nebenan in der Maturaschule. Der hatte zwar keinen Führerschein, aber Zugang zu Vaters Autos in der Garage. Die Kids fischten den feinen kleinen scharfen Mini Cooper S heraus, fuhren die halbe Nacht durch die Gegend, natürlich auch über die Höhenstraße, die man Nichtwienern am besten als Zauberhügel irgendwo zwischen Corniche und Solitude näherbringt, historisch vielfältig aufgeladen. Heute klagt die bürgerliche Presse über „nächtliche Autorennen jugendlicher Benzinbrüder" am Cobenzl, Lauda war vor sechzig Jahren ein Pionier.

Niki meinte, dass er den Mini damals sehr ernsthaft erprobt habe: *beim Fischerhaus vorbei, die leichte Linke, alles im Griff, Rechtskurve mit Brücke und ich mit voller Post.*

Kein hochbegabter Achtzehnjähriger rechnet mit Raureif nachts auf der Brücke. Ein hoher Randstein nahm die volle Breitseite des Minis auf, die beiden linken Räder steckten tief und schief in den Radkästen. Die Komplikation bei der Sache war, dass der Sohn des Geflügelhändlers den

Zorn des Vaters auf geradezu dramatische Weise fürchtete. Immerhin wusste er, dass der Mini um 38.000 Schilling (Größenordnung heute: 17.000 Euro) zum Verkauf angesetzt war.

Abschleppdienst Toman kam noch in der Nacht. Niki fing seine Großmutter beim Frühstück ab, sagte, dass er ohne sie ins Gefängnis müsste, sie kapierte blitzartig, man fuhr zur Bank, sie gab ihm ein Kuvert mit den Scheinen, er trat beim Geflügelhändler an, bitte verkaufen Sie mir Ihr Auto, der sagte Ja, und Handschlag, mein Sohn wird dich zur Garage führen.

Mit einem Schrotthaufen von Mini war es naheliegend, den Druck aus der Maturaschule zu nehmen und in eine Mechanikerlehre zu wechseln. Glänzendste Eigenschaft eines Lehrlings in den 1960er-Jahren war das perfekte Wurstsemmelholen.

Ich schaffte es manchmal nicht, die Bestellungen von zehn Mechanikern auseinanderzuhalten, Wachauer, Semmel oder Salzstangerl, Krakauer, Braunschweiger oder Extra, Gurkerl oder Nicht-Gurkerl, Gösser, Schwechater oder Ottakringer. Die Sache hatte sich eines Morgens erledigt, als ein aufgeregter wichtiger Kunde einen Ölwechsel an seinem Volvo verlangte, weil er eine dringende Fahrt vor sich hatte. Ich sollte das schnell machen, ich steh da unten in der Grube mit einem irrsinnig großen Schraubenschlüssel, ziehe in die falsche Richtung und drehe das Gewinde ab. Man musste also dem Kunden erklären (in verkürzter Form), dass ein junges Genie, das womöglich in sieben Jahren Weltmeister sein würde, einen kleinen Fehler gemacht habe. Harte Wahrheit: Motor ausbauen, neue Ölwanne, drei Tage Pause für den Kunden, Riesendrama, links und rechts Watschen für den jungen Lauda. Daraufhin erzählte ich meinem Vater von frisch erwachtem akademischem Ehrgeiz und landete wieder in der Maturaschule.

Der zweite Anlauf war so trostlos wie der erste, es musste eine Abkürzung gefunden werden. Eine Mitschülerin überließ ihm ihr Maturazeugnis, meldete den Verlust und bekam ein Duplikat. Ein Kumpel bearbeitete das Ding mit Radiergummi und Tintentod, Andreas N. Lauda wurde eingesetzt. Die Last des Betrugs war nicht sehr drückend: Das Papier war ja nur für den verwandtschaftlichen Gebrauch. Niki fuchtelte das Zeugnis aus sicherer Entfernung hin und her – ein Jubelruf in der Familie: Der Niki hat maturiert.

Der Mini war am Rande der Mechanikerlehre repariert worden, die Belohnungen für die Matura reichten (na ja, nicht ganz) für einen g'scheiten Rennmotor in der 100-PS-Gegend. Niki Lauda war Rennfahrer, damit auch schon auf Kollisionskurs mit der Familie.

MOTORSPORT ENDE DER 1960ER-JAHRE

Die großen Namen der Formel 1 waren Graham Hill, Jack Brabham, Jim Clark (tödlich verunglückt 1968), Jackie Stewart, Jochen Rindt (tödlich verunglückt 1970), Dan Gurney und Jacky Ickx.

Die Weltmeister hießen 1965 Clark (Lotus), 1966 Brabham (auf Brabham), 1967 Denny Hulme (Brabham), 1968 Graham Hill (Lotus) und 1969 Jackie Stewart (Matra-Ford).
Bei den großen Sportwagen, die etwa in **Le Mans** auftraten, liefen die später gern filmisch ausgeschlachteten Showdowns zwischen Ford und Ferrari, dann abgelöst von Porsche.

Rallyes spielten in der Öffentlichkeit eine größere Rolle, vor allem seit den Auftritten des Teams Mini Cooper (mit den Fahrern Rauno Aaltonen, Paddy Hopkirk und Timo Mäkinen) bei der Rallye Monte Carlo.

Österreichs permanente Rennstrecken (Österreichring, Salzburgring) eröffneten 1969. Bis dahin musste man mit Flugplatzrennen, Bergrennen und Rallyes durchkommen oder ins Ausland ausweichen. Größter Star war Jochen Rindt (ab 1965 in der Formel 1), bekannte Namen in Österreich waren Dieter Quester, Helmut Marko, Günther Huber, Erich Breinsberg, Rudi Lins, Helmut Koinigg und Peter Peter.

DIE LETZTEN KLASSIKER

Zwischen Tricksen und Kredite-Verschieben war Nikis Grundkapital entscheidend: Speed.

Nürburgring, 24-Stunden-Rennen 1973. Auf BMW, dann Ford war Lauda Weltspitze im Tourenwagensport. Alpina-Technikchef Fritz Indra wärmt sich auf für die große Karriere.

Marlboro
BRM

Jackie Stewart, Jochen Rindt

D

Der Schotte Jim Clark, Weltmeister 1963 und 1965 auf Lotus, war drauf und dran, eine Epoche im Rennsport zu prägen, als er am Palmsonntag 1968 bei einem zweitrangigen Rennen auf dem Hockenheimring zu Tode stürzte. Auf der langen Gerade der damaligen Rennstrecke war der Wagen ausgebrochen und im Wald zerschellt. Es war wohl ein Reifenplatzer.

Lauda erinnerte sich an den Tag. Es war eine Woche vor seinem allerersten Rennstart, er war noch als Zuschauer beim Flugplatzrennen in Aspern. Es war schon gegen Ende, da sagte der Platzsprecher: Jim Clark ist in Hockenheim tödlich verunglückt. *Das ist mir durch und durch gegangen, im Sinn von: Dieser Mann wird uns fehlen, die Welt ist jetzt ärmer geworden. Aber es war nichts, was mir den Rennsport verleiden konnte, nichts vom Drama des Sterbens.*

Der Gedanke an kommende eigene Gefahren hatte bei einem Neunzehnjährigen natürlich überhaupt keine Chance.

Der nächste Rennfahrer, der von einem europaweiten Publikum als heldenhafter Typ wahrgenommen wurde, war Jochen Rindt. Für Lauda war der um sieben Jahre Ältere vor allem „a wüder Hund mit einer Nosn“. Neben der tapferen Physiognomie fiel Lauda noch auf, dass es in Jochens Auftreten etwas gab, für das es damals noch keinen Namen gab. Heute könnte man in Rindt den ersten Popstar des Motorsports erkennen, das hält auch einem zweiten Nachdenken stand.

Was Lauda am lebhaftesten von Rindt in Erinnerung blieb, war eine skurrile Episode von 1968. Rindt war Ehrengast beim ersten österreichischen Autocross-Rennen vor den Toren Wiens. Er kam mit seiner Frau Nina, und man hatte die beiden gebeten, eine Ehrenrunde mit einem Mini zu fahren. Es war ein weißer Cooper S, und Jochen ist etwas lebhafter losgefahren, als man sich das bei einer Ehrenrunde mit Dame an Bord vorstellen würde. Auf der zweiten Runde überschlug sich der Wagen und blieb auf der Seite liegen. Jochen kraxelte lachend heraus, Nina wurde unverletzt geborgen und weinte. Man sah, wie Rindt seiner Frau gut zuredete, sie dann aber ihre Wut nicht mehr verbergen konnte. *Sie war so unglaublich stinksauer auf diesen Kindskopf, der einfach verdrängt hatte, dass die beiden ein Baby von einem Monat daheim hatten und es wohl der blödeste Zeitpunkt für einen Unfall beider Elternteile war.*

Der Schotte Jim Clark war eine der dominierenden Rennfahrer-Persönlichkeiten der 1960er-Jahre. Lotus-Chef Colin Chapman stellte die adäquate Technik bereit.

Unvergesslich für Lauda: Jochen hilflos, Nina sauer, wütend, Mini mit zwei Radln in der Höh.

Am Tag von Jochen Rindts Todessturz in Monza (5. September 1970) war Lauda beim Training für das Formel-3-Rennen im belgischen Zolder. Er war wohl total mit sich selber beschäftigt, hatte eine öde Saison hinter sich, hatte Kredite hin und her geschoben. Und am Sonntag das Rennen in einer wild gemischten Meute von Könnern (dem jungen James Hunt) und Nicht-so-Könnern, allesamt gierig auf berufliches Weiterkommen.

Originalton Lauda:

Ein Unfall irgendwo auf der Strecke. Wir kamen in Formation über die Kuppe, Tempo 210. Da war plötzlich ein Rettungsfahrzeug mit Tempo 50. Die ersten drei haben sich rechts vorbeigezwängt, Hunt war dabei. Dann wollte noch einer rechts vorbei, der hat's aber nicht mehr ganz geschafft, begann zu kreiseln. Jetzt wollte ich links vorbei, inzwischen kreiselte der eine Wagen nach links, wir kollidierten, ich drehte mich, der nächste nahm mich volley. Alles spielte sich mitten auf der Fahrbahn ab, ich saß da in meinem zerlemperten Auto, da kam die nächste Gruppe über den Hügel. Inzwischen waren schon die gelben Fahnen draußen, aber die Meute blieb voll am Gas. Ich konnte nur warten, auf welcher Seite sie mich abschießen würden. Einer flog über meine Schnauze, dann sprang ich raus und rannte einfach weg.

Dies war insofern ein Schlüsselerlebnis, als Niki kapierte, dass er nicht weiter ein Wahnsinniger in einem Feld von zwei Dutzend Wahnsinnigen sein wollte, weil kein Durchmarsch in die nächste Ebene erkennbar war. Er setzte sich nie wieder in einen Formel-3-Wagen.

Lauda richtete all seine Energie darauf, das nötige Geld zusammenzukratzen (also den nächsten Kredit zu stemmen), um sich in die höhere Spielklasse einzukaufen, das war die Formel 2.

Im Jahr, in dem Jochen Rindt starb, 1970, war Lauda 21, jonglierte Schulden hin und her, hatte sich per Raiffeisen-Kredit beim deutschen McNamara-Team in die Formel 3 eingekauft. (Der Amerikaner Francis McNamara war als Soldat nach Deutschland gekommen und gründete 1968 in Lenggries im Allgäu McNamara Racing.) Die Saison spielte sich hauptsächlich in England ab, man fand für ein paar Monate zufälliger- und praktischerweise in einer Einzimmer-WG in London zusammen: James Hunt, 22, und Niki Lauda, 21. Darüber reden wir natürlich auch noch. Lauda und Hunt wollten in die Formel 1, wie jeder gesunde junge Rennfahrer. Wie macht man sich ein Bild von der Formel 1 Anfang der 1970er-Jahre?

Jackie Stewarts Helm mit dem Karomuster verdichtet die Erinnerungen. Da war der schottische Singsang, den Heinz Prüller für kurze Interviews im Fernsehen abrufen konnte, die hohe Tonlage hat sich in fünfzig Jahren nicht geändert. Die Sprache war noch nicht in Worthülsen vorgefertigt, man hörte gern zu, es gab noch Unterschiede zwischen den Fahrern, bei Stewart am deutlichsten.

Praktisch alles, was die Technik betraf, kam entweder von Ferrari oder aus England. Die Briten waren wendiger, vielfältiger, mutiger, dies typischerweise mit Technikern, die auch als Unternehmer antraten. Die oft sprunghaften Fortschritte in der Entwicklung überdeckten die knappe wirtschaftliche Ausstattung der Teams. Oft konnte man sich nur einen (moderat) bezahlten Fahrer leisten und nahm als zweiten Piloten einen Mann, der seine persönlichen Sponsorgelder zum Wohl des Saisonbudgets einbrachte. Der kürzeste Ausdruck, jedenfalls in Österreich, war Brennstein, man mag lang über den Charme der Insider-Umgangssprache nachdenken. In der Aufsteiger-Liga (Formel 2 und 3) waren Bezahlfahrer überhaupt die gängige Regel, sie betraf natürlich auch Niki Lauda. Er war ein Brennstein.

Lotus, Tyrrell, McLaren, Brabham, March waren die progressiven Rennställe. BRM war als Absprungbasis für Lauda wichtig, verließ sich aber mehr auf seine Tradition als auf Innovation.

Jackie Stewart, wie gesagt, als herausragende Persönlichkeit. Welche Gesichter tauchen da neben ihm in unserer Erinnerung auf? Von denen,

Typisch für die Zeit waren aerodynamische Experimente,
hier mit einem vorderen Spoiler am March-F1.
Lauda erlebte 1972 eine glücklose Saison bei March.

die mit uns alt geworden und berühmt geblieben sind: Jacky Ickx, Emerson Fittipaldi, Mario Andretti.

Nicht mehr dabei sind Graham Hill, Ronnie Peterson, François Cevert, Clay Regazzoni, Jo Siffert, Mark Donohue, Denny Hulme. Regazzoni starb mit 67, Hulme mit 56, Hill kam in seinem Privatflieger ums Leben, die anderen starben bei Rennunfällen oder an den Folgen.

Beim Blick auf jene Zeit und die Rolle, die Lauda darin spielte, geht oft Wesentliches verloren. Zwischen Tricksen und Kredite-Verschieben war sehr wohl Nikis Grundkapital entscheidend: Speed, speed, speed, die Grundschnelligkeit des Rennfahrers. Auch der Film „Rush" will eher zeigen, dass eine gewisse Oberg'scheitheit in Technik und Vorbereitung Laudas wichtigster Vorteil gewesen sei. Von den Gegnern jener Tage mögen Ronnie Peterson, James Hunt oder Gilles Villeneuve fallweise aufregender gewesen sein, aber alle Cleverness hätte nix geholfen, wenn Niki nicht von Anfang an die Partie aufgemischt hätte. Sein Zweiventiler-Rekord im Alpina-Coupé, als er 1973 dem Hans-Joachim Stuck drei Sekunden abnahm, gehört zum großen Nürburgring-Geschichtsbuch.

In unterlegenen Formel-Autos wie March und BRM war sein Speed, bei jedem Wetter, auch die einzige Chance, um jenes Wunder herbeizuführen, dass Ferrari gerade ihn haben wollte. Sein Hirn, der berühmte technische Intellekt, kam erst hinterher, allemal rechtzeitig.

NIKIS FRÜHE KARRIERE 1968 BIS 1973

1968 Erster Start am 15. April beim Bergrennen Bad Mühllacken (OÖ). Im Programm als A. N. Lauder geführt, belegte Niki auf einem Mini Cooper S 1300 Platz 2 (Klasse bis 1300 ccm). Zwei Wochen später erster Klassensieg am Dobratsch/Villach. Im Sommer Tausch Mini gegen Porsche 911 für Berg- und Rundstrecke. Seriöse Monoposto-Ausbildung ab Herbst für den Formel-V-Kaimann-Rennstall von Kurt „Masta" Bergmann. Glanzlicht: Platz 3 in Keimola (FIN).

1969 Formel V mit Sieg in Sopron und Platz zwei auf dem Nürburgring im Rahmenprogramm des GP von Deutschland hinter Helmut Marko.

1970 Formel 3 (McNamara Mk III, Platz 4 Zaandvort) und Sportwagen (Porsche 908/02, Platz 3, Internationales Aachener, Nürburgring).

1971 F1-Premiere beim GP von Österreich (March 711, Ausfall). Dazu Tourenwagen-Starts: Gesamtzweiter Sechs Stunden am Nürburgring (mit Günther Huber, Alpina-BMW).

1972 Kreditfinanzierte F1-Saison im March 721 (Platz 7, GP von Südafrika), unterfüttert mit F2-Rennen (March 722; Sieg in Oulton Park).

1973 Sechs F1-Zielankünfte im BRM P160 (Rang 5, GP von Belgien). Ein Sieg bei fünf Tourenwagen-Einsätzen für Alpina-BMW (4 Stunden von Monza, mit Brian Muir/AUS).

AN DER BOX

Mariella und das bürgerliche Leben.

Stilbildend an der Boxenmauer für das BRM-Team:
Mariella Reininghaus, Großer Preis von Frankreich 1973

UIT PA

An baldige Heirat war gedacht:
Niki, Mariella, 1972

F

Frauen und Freundinnen der Rennfahrer saßen an der Boxenmauer, drückten Stoppuhren und führten kleine Tabellen. Von der Rennleitung kamen die offiziellen Messungen sehr verzögert, und jedes Team beschäftigte zwar einen Zeitnehmer, konnte das Backup durch die Damen aber öfter mal gebrauchen.

Wenn's drauf ankam, saß Mariella Reininghaus bei Niki an der Boxenmauer. Sie war sehr hübsch, meist mit Prinz-Eisenherz-Frisur, so jung wie Niki, in jedem Fall freundlich, aber so zurückgezogen wie möglich. Wir wussten, dass sie Kunstgeschichte studierte, ein ziemlich konträres Lebensprogramm zu dem von Niki, ansonsten erzählte sie uns nicht viel, eigentlich gar nix. Sie hatte eine derart freundliche Art des Schweigens, dass es schwerfiel, sie zu stören. Im Training gab es ja lange Sessions, nicht so bündig wie heute, ganz abgesehen von den Sechs- oder Zwölfstundenrennen. Der wunderbare Schweizer Fotograf Heinz Dieter Finck war auch einer von denen, die lange nichts reden mussten, dadurch kam er der jungen Dame einen Hauch näher. Mariella konnte, erzählt Finck, bei einer Nachtsession auf dem Nürburgring stundenlang auf einem Reifenstapel sitzen, ohne zu mucksen.

Ohne dass groß darüber geredet wurde, war das Paar nach sieben Jahren so gut wie verlobt. Nikis Stützpunkt zwischen seinen Rennterminen war Mariellas kleine Wohnung in Salzburg, bis es dann mit dem ersten Ferrari-Geld ans Projekt eines großzügigen Hauses oberhalb von Hof bei Salzburg ging: tolle Lage, trotzdem nicht exponiert, viel Platz, hell, groß. Mariella übernahm weitgehend die Kontrolle über den Bau, ein bisschen auch über die gemeinsame Zukunft mit Familie und einem braven Beruf. Je stärker sich der Erfolg als Rennfahrer abzeichnete, desto mehr verband Mariella das große Ziel Weltmeister mit dem idealen Racing-Ende und Übertritt ins bürgerliche Leben. Keine gute Idee, fand Niki, aber er war keiner, der darüber viel reden wollte.

Jenes Jahr 1975, in dem er Weltmeister werden (und Ferrari „erlösen") würde, hatte Lauda wie einen Kometen aufsteigen lassen. Plötzlich war er nicht nur für seinen Sport wichtig. Kein Kleinerer als Peter Handke rückte für den „Spiegel" zur Seelenbeschau des neuen Wundertiers aus. Handke war 32, durch „Die Angst des Tormanns beim Elfmeter" und

„Wunschloses Unglück“ schon berühmt. Mariella, die Kunststudentin, schätzte Handkes Bücher und redete Niki zu, ein Gespräch zu führen. Wenn schon, denn schon: Man sollte einander inmitten des Trubels eines Nürburgring-Wochenendes treffen.

Niki war schon auch neugierig, was dabei herauskommen würde: ob er selbst etwas Neues über sich selbst erfahren würde.

Allerdings hätte er noch an Ort und Stelle Verdacht schöpfen müssen, denn auf die Frage nach seinen Eindrücken vom ersten Rennen seines Lebens hatte Handke geantwortet, er fühle sich wie in einem Hotelzimmer, in dem er akustischer Zeuge eines Geschlechtsakts im Nebenzimmer werde. Handke verschwieg den „Spiegel“-Lesern diesen Gedankengang, stattdessen attestierte er Niki, dass dieser nur „mit einer Abfolge von Techniken“ lebe, und zwar in „freudlos-dummer Berufsvertrottelung“. Auch die Zuschauer wurden Handkes Ansprüchen nicht wirklich gerecht: „... am Nürburgring, den zweihunderttausend tragisch wesenlose, nicht einmal gerichtsbekannte Bierbäuche ohne Lebensgeschichte und Frauen mit über der Leere ihres Lebens verschlossenen Gesichtern säumten – als seien sie alle gerade von einer Strafexpedition zurückgekehrt ...“

Just die einzige Handke-Versteherin wurde am unfreundlichsten zerpflückt, immerhin war die Beobachtung akkurat. „Laudas Freundin Mariella lebt, jedenfalls öffentlich, mit Hilfe einer ebensolchen Ineinanderfolge von Techniken. Da sie aber, anders als er, nicht sachlich in einer Maschine aufgehen kann, sondern nur auf sich selber angewiesen ist, wirkt jede einzelne ihrer Verhaltenstechniken gleichzeitig als eine Vorführung dieser Techniken durch ein Modell. Beim Vorbeigehen an den Boxen erscheinen die dort bewegungslos sitzenden, gerade nur die Stoppuhren drückenden und die Rundenzeiten eintragenden Frauen oder Freundinnen der Fahrer als lächerliche und traurige lebende Bilder: lächerlich, wie sie sich, im Bewusstsein ihrer grotesken Überflüssigkeit, an das kleine technische Werk, die Uhr, klammern – traurig, wie sie so in sich verschlossen sich aushalten müssen.“

Mariella war nicht gekränkt. Sie sagte: „Für viele Leute ist es gut, dass einer das kitschige Vorstellungsbild des Rennsports brutal zerreißt. Man kann uns sicher so sehen, wie Handke es getan hat – mit einem Auge, und das sieht nur das Schwarze.“ Die Auslotung des Niki und ihrer selbst hätte sie sich von Handke „ein bisserl subtiler“ erhofft. In dieser Hinsicht habe ihr nur der letzte Satz etwas gegeben, quasi sein Schlusswort zur ganzen Rennerei: „Manche freilich finden es lebensechter, aus dem Fenster zu schauen – auf die Dauer auch gefährlicher.“

Lauda selbst trauerte nur verlorener Zeit nach. *(Warum hab ich ihm drei Stunden lang alles erklärt, wenn er eh nur an einen Geschlechtsakt im*

Nebenzimmer denkt? Wenn das nächste Mal einer kommt und sagt: „Ich weiß überhaupt nichts über Autorennen und kann selbst gar nicht Auto fahren und will über Sie was schreiben", dann sag ich ihm: „Fein, schreiben S', wie Sie glauben, aber fragen S' mi nix.")

Er wurde allerdings zwei Jahre später rückfällig. Die große Hildegard Knef wollte ihn für ein Buch und eine „Bunte"-Story ausbeuten, er ließ sich's gefallen, wieder im Umfeld des Rennens. Sie staunte über Dimensionen („kinderbadewannengroßer" Wagen, die Schaltung „kaum löffelgroß"). Lauda wurde zwar freundlich gezeichnet („Sein Lächeln ist offen, obwohl sein Mund klein ist"), die Autorin konnte aber der Sinnfrage nicht ausweichen: „Wo verbirgt sich die Triebfeder, die ihn in den kindergroßen Wagen scheucht – in das tödliche Spiel treibt? Ich ahne es nicht. Kindheitsschocks? Beweisnotwendigkeit? Nicht zu erfassen. Nicht zu begreifen."

Schluss jetzt mit dem Blödsinn, höre ich Niki sagen, und so war's dann mit allen kommenden Anfragen aus der Küchenpsychologie.

Für mich selber hatten Nikis Kontakte mit Hildegard Knef noch Folgen, denn die große Künstlerin hatte ihm nebenbei erzählt, welch fantastischen Vorschuss sie von ihrem Verlag für ihr nächstes Buch bekommen würde. Durch den „Geschenkten Gaul" war sie ja Bestsellerautorin geworden, und Niki hatte zwei Nullen zu viel in seiner Fantasie, was den Ertrag von Büchern betraf. Wir wollten ja irgendwann ein gemeinsames Buch machen, natürlich im kleinen Verlag Orac in Wien, und da brauchte man nicht einmal zu versuchen, mit dem Hildegard-Knef-Geklingel mitzuhalten.

Niki war zufällig in Wien, ich bat ihn zum Sonntagsessen daheim, meine Frau machte fantastische Schnitzel, Jungkater Carlo verübte Kraxelversuche am lebenden Objekt, der fünfjährige Timo führte den Gast ganz stolz ums Eck zu der ihm bekannten Selbstbedienung der „Kronen Zeitung", es muss also Sonntag gewesen sein, eines von zwei oder drei rennfreien Wochenenden in der warmen Jahreszeit vor dem großen Crash.

Wir hatten ja noch jede Menge Zeit für ein Buch über Ferrari, aber wenn Niki einmal bei einem reichen Verlag unterschrieben hatte, wäre es wohl vorbei. Das war uns beiden klar. Niki wollte noch ein bissl überlegen. Wir aßen unsere Schnitzel, Kater Carlo zeigte noch ein paar Kunststücke, Niki fuhr zum Flieger, und am nächsten Tag rief er an und sagte, wenn es so weit ist, machen wir's miteinander.

Das hat dann für die nächsten vierzig Jahre gehalten, und es musste nie wieder über Geld geredet werden (alles, was wir für die „Autorevue" machten, war sowieso gratis).

Das Buch-Business war letztlich doch auch zu unbedeutend im Einkommen eines Rennstars, und am Ende war ihm wohl unsere zumindest schmerzlose Art der Zusammenarbeit das Wichtigste. In meinen Recorder konnte er hineinreden, wie ihm der Schnabel gewachsen war, musste sich nicht den Kopf zerbrechen, was „fit to print“ sei und was nicht. Außerdem hatten wir meistens eine Hetz.

1975, 1976, da begann auch eine neue Technik in der Zeitmessung, es war das Ende von Frauen, die Stoppuhren drückten. Das betraf ganz allgemein die Boxen der großen Rennstrecken und sehr speziell den Einzelfall.

Unsereins erfuhr das frische Geheimnis vorerst noch etwas verschlüsselt durch Niki: Er habe ein Rendezvous gehabt, etwas ganz Besonderes. Er habe daher eines Nachts eine Wolke wunderbaren Dufts mit sich getragen und am späten Heimweg versucht, die Glückswolke zu bändigen, wie ein Mann sich das halt vorstellt.

Daheim sagte Mariella: „Erwartest du eine Gelseninvasion, Niki?“

AUS EINER ANDEREN WELT

Marlene und der Kulturclash.

Marlene war unvermittelt aus Amerika in den Salzburger Festspielsommer 1975 geraten. Sie sprach auf der Party einen jungen Tennisspieler an, der allerdings Rennfahrer war.

Monaco 1977

RÖMERQUELLE
CHRONOGRAPH
HEUER
Agip
Ferrari
RÖMERQUELLE
GOODYEAR
Niki Lauda

D

Das Geheimnis musste noch drei Monate undercover bleiben, die Story durfte nicht im Boulevard losbrechen, ungeordnet. Es war eh kompliziert genug, zum Beispiel: Marlene war tatsächlich wie vom Mond gekommen – wie sollte man das behutsam erzählen, am besten eben gar nicht.

Marlene ist die Tochter einer Spanierin und eines österreichischen Malers. Das Paar hatte zwei Jahrzehnte in Südamerika gelebt und dort die Familie gegründet. Marlene wurde in Venezuela geboren und wuchs in Chile auf. Zu ihren ersten Erinnerungen gehören alle Arten von Tieren, von der Vogelspinne bis zum Puma. Zur Grundschule fuhr sie mit dem Ruderboot, kam an die Deutsche Schule in Valdivia, bis die Familie nach Europa zurückkehrte und auf Ibiza landete. Marlene trat eher hobbymäßig als Model auf und geriet mit Schauspieler-Weltstar Curd Jürgens zusammen. In dessen Begleitung kam sie frisch aus Amerika zu den Salzburger Festspielen, wo Jürgens den Jedermann gab, übrigens mit Senta Berger als Buhlschaft, es waren glamouröse Festspiele.

Als Marlene in den Salzburger Sommer von 1975 schneite, hatte sie also tatsächlich keine Ahnung vom dortigen Leben … ansonst wäre ja die Geschichte, wie Niki sie von der Party in der Villa des Curd Jürgens erzählte, nicht zu glauben. Es war das freie Rennwochenende zwischen Silverstone und Nürburgring, Niki war Führender in der Weltmeisterschaft, alle kannten ihn, eben nur fast alle.

Karajan war dort und hat mit mir über Autos geredet, Curd Jürgens war sehr freundlich, und alles war angenehmer als bei einer solchen Party erwartet. Eine junge Dame fiel mir auf, sie war recht lebhaft und attraktiv, ihre tiefe Bräune kam durch ein weißes Kleid besonders zur Geltung. Irgendwann kam sie in meine Gegend, hockerlte sich vor mir hin und fasste mich an den Knien. Keiner wusste irgendwas vom anderen, aber es war ganz selbstverständlich, dass sie mich duzte: „Was willst du trinken?“

Lauda erfuhr, dass dies die Freundin des Gastgebers und ihre Ahnungslosigkeit plausibel war, Marlene erfuhr, dass der junge Mann nicht wie vermutet Tennisspieler, sondern Rennfahrer war.

Für den Hollywood-Film „Rush“ musste sich Drehbuchautor Peter Morgan Jahre später einen völlig anderen Plot einfallen lassen, man konnte ja schwerlich den mittlerweile verstorbenen Curd Jürgens als Filmfigur auftreten lassen, wollte aber die Erzählung darstellen, wie eine junge Dame in naiver Ahnungslosigkeit einen berühmten Rennfahrer kennenlernt.

Die Anbahnung im echten Leben war dann richtig romantisch, verspielt, schön kitschig: Endgültig gefunkt hat's dann in dem „uralten Gasthaus am Gaisberg, in dem fünf Bauern Karten spielten".

All das passte so überhaupt nicht mit dem bisherigen Niki Lauda zusammen, der Clash war unglaublich. Am besten informiert war der Pilot Hans Kemetinger, der die Cessna Golden Eagle seines Flugschülers überraschend anheizen musste, um nach Ibiza zu fliegen, „das is aber a bisserl weit" (für den kleinen Propellerflieger), *ist mir wurscht, wir reiten da runter.* Für Mariella ließ er sich einen Schmäh einfallen, Jeans-Werbevertrag in Barcelona.

Niki erlebte das wunderbare Chaos von Marlenes Familie, die Mutter, Schwester Renate, Bruder Tilly, der als Maler gerade die Phase seiner malaysischen Dschungelbilder feierte und meist per Pferd auf der Insel unterwegs war, es war also wirklich exotisch. Die Familie hatte ein ferienmäßig anmutendes Haus im Landesinneren, mit kurzem Weg über Santa Eulalia, das damals ein kleines Dorf war. Und falls das Pacha im Hauptort nicht eh wirklich die Mutter aller Discos war, einen faden Mitteleuropäer konnte der Schlag treffen.

Alles lief auf südländische Art, locker, easy, offen, herzlich: *Es war das komplette Gegenteil meines bisherigen Lebens, das Gegenteil meines Diszipliniertseins und Bravseins und meiner Verbissenheit, ich war hingerissen.* Sein Lieblingskommentar über den Knaus-Clan: *Die sind alle so locker.* Niki selber war nicht easy, aber er wäre gern easy gewesen und mochte Leute, die sich easy gaben oder easy waren.

Marlenes Zauber wirkte auch auf Nikis Kumpels, also unsereins. Es war fantastisch, ihr zuzuhören. Als spanisch-südamerikanisches Andenken hatte ihr Deutsch eine gewisse Färbung behalten, ohne dass man einen konkreten ausländischen Akzent heraushören konnte. Ihr Deutsch lief in spanischer Geschwindigkeit ab (daran hat sich auch fünfzig Jahre später nichts geändert). Die deutschen Worte sind für das Stakkato des Abfeuerns aber zu sperrig, sodass es immer wieder vorkommt, dass sich ein paar Silben das Haxl stellen, es folgt eine halbe Sekunde Pause zur Wiederherstellung der Ordnung, dann geht's weiter: Deutsch auf spanische Art.

Den ersten Weltmeistertitel, zwanzig Punkte Vorsprung!, feierte man bereits auf Ibiza.

1976, unglaublich, was alles in einem Jahr Platz haben sollte.

Eines Sonntags rief der Architekt des Salzburger Hauses an. Er hat in der Zeitung gelesen, Lauda hat Mariella verlassen, so eine Gemeinheit, er habe das Haus ja nur für dieses Paar bauen wollen. Er werde das Ding nicht fertigstellen, obendrein war ihm zu Ohren gekommen, dass Niki die freien Stiegenhaustreppen („sehr progressiv") einen Scheiß genannt hatte, *wie Raiffeisen-Filiale Innsbruck*. Lauda aktivierte Marlenes Bruder Tilly, den Maler. Der entfernte das Missverständnis, dass ein Rennfahrer auch daheim ein Technik-Feeling brauche, und es entstand ein großzügiges Haus in der richtigen Gegend, richtige Gegend sowieso. Die Fehlplanung der Garage sollte später noch eine größere Rolle spielen, Stichwort Ferrari GTO.

Das Paar heiratete am Standesamt Wiener Neustadt, wo man einen Termin nach Dienstschluss ausgehandelt hatte, tatsächlich hatte kein Mensch davon Wind bekommen. Es kam erst zwei Wochen später in die Zeitungen.

Noch im Frühjahr 1976 zog das Paar ins neue Haus. Mit frischer Begeisterung begleitete Marlene Niki zu den Rennen, ohne Stoppuhr, ohne Rundentabellen, erstens, weil sie davon keine Ahnung haben wollte, zweitens, weil sich diese Art der Boxenbetreuung sowieso aufhörte. Es begann eine kurze Zeit für Groupies, was ein bisschen mit James Hunt zusammenhing. Danach gab's im Rennsport, jedenfalls in der Formel 1, wieder das familienfreundliche Format, nun eben digital unterstützt.

Marlene erlebte nur fünf oder sechs Rennen in ihrer unbelasteten Natürlichkeit. Zur Zeit des Monaco-Grand-Prix 1976 verlor sie ein Baby, zwei Monate später brach das Nürburgring-Drama herein. Damit hatte sie diesen selbstverständlichen Optimismus verloren, dieses Gefühl des Es-passiert-eh-nix, wie es sich vom Rennfahrer auf seine Lieben übertragen sollte. Zustände, die vor dem Unfall nie existierten, tauchten auf, ließen sie nicht mehr los.

Ferrari-Cheftechniker Mauro Forghieri und Lauda waren grundsätzlich fantastisch gemeinsam unterwegs. Gegen Ende waren die Toleranzen aber aufgebraucht.

DIE FORMEL 1
1970 BIS 1975

Die Weltmeister hießen 1970 Jochen Rindt (posthum, Lotus), 1971 und 1973 Jackie Stewart (GB, Tyrrell), 1972 und 1974 Emerson Fittipaldi (BRA, Lotus und McLaren) und 1975 Niki Lauda (Ferrari).

Nikis Debütjahr bei Ferrari, 1974, pendelte zwischen Hochs (zwei Siege, WM-Führung nach 10 von 15 Rennen) und Tiefs (etliche Defekte, keine Zielankunft in den letzten fünf Rennen).

1975 fuhr Lauda mit dem Modell 312 T eine komplette Neuentwicklung. Höhere Standfestigkeit machte sich bezahlt: Siege in Silverstone (kein WM-Status), Monaco, Belgien, Schweden, Frankreich und den USA und erster F1-Titel.

NÜRBURGRING

Es würde das letzte Mal sein. Wirklich? *Ja, letzter Grand Prix am Ring, also okay.*

Die Passage von Wehrseifen im Norden der 22,8 Kilometer langen Strecke. Die Rennstrecke in der Eifel ist bekannt für erfrischende Wettersituationen.

HEUER
Agip

Der berühmte Sprunghügel auf dem Nürburgring: am Pflanzgarten. Lauda, Ferrari, Training 1976

A

Als regierender Weltmeister und Titelverteidiger war Lauda in der Saison 1976 hoher Favorit. Das Jahr begann fantastisch. Siege in Brasilien und Südafrika, Zweiter in den USA, überlegene Führung in der Weltmeisterschaft. Rennfreier April vor der Europa-Saison.

Lauda borgte sich vom Enzinger-Wastl den Traktor aus, um an der Böschung unterhalb des Swimmingpools irgendwas Nützliches zu tun. Das Ding kippte um, überschlug sich und begrub den Fahrer unter sich. Niki hätte tot sein können, wurde aber so günstig zwischen die Kotflügel hineingestaucht, dass er nicht die volle Wucht abkriegte, außerdem war die Erde halbwegs weich.

Trotzdem: Rippenbrüche, Blutergüsse, die rechte Körperseite war schwer bedient. Niki sollte in zwei Wochen den Grand Prix von Spanien fahren, und das war keine Privatangelegenheit, sondern Ferrari-Headline. In der Rückschau wird es besser verständlich: Alles, was sich heute auf Social Media entladen würde, spielte sich in einem großen analogen Druckkochtopf ab. Sofort wurde Sante Ghedini von Ferrari nach Salzburg geschickt, als Chauffeur, Leibwächter, Pressechef, Telefonzentrale. Beim Friesacher in Anif hatten sich vier italienische Presseleute einquartiert. „Autosprint", die Lieblingslektüre Enzo Ferraris, zauberte sofort einen Italiener als Ersatz für den vielleicht länger ausfallenden Lauda aus dem Hut. Nicht wirklich um eine Lösung dieser Art bemüht, sagte Niki, die Italiener könnten nur um den Kirchturm fahren. Das stand dann gleich in der „Gazzetta dello Sport", die Nation jaulte auf.

Kurz gesagt: Es ging drum, Niki inmitten des Affenzirkus fürs nächste Rennen fit zu kriegen. Der Name Willi Dungl war in Sportkreisen bekannt als Masseur der österreichischen Skispringer, und es gab Hinweise bezüglich noch höherer Fähigkeiten. Jedenfalls gelang es, Dungl ans Bett des Niki zu holen. Der erzählte, dass der Besucher schlecht aufgelegt und kurz angebunden gewesen sei, er könne ihm nicht helfen, da müsse sich der Patient schon nach Wien bemühen, zum Unfall-Primarius. Lauda hockte sich dann tatsächlich unter zusätzlichen Schmerzen ins Auto und fuhr nach Wien. Der Professor sagte, was Sache war, und briefte Dungl, der wandelte sich vom zerknautschten Muffel zur Lichtfigur. Später sagte er uns, dass er dieses Zeichen gebraucht habe, um in Lauda nicht nur den arroganten Weltmeister und Ausbeuter seines Körpers zu erkennen, sondern einen Kerl, der bereit war, mehr aus sich zu machen und Zusammenhänge zu kapieren.

Dungl nahm die Sache in die Hand, bekam Lauda fit für den Spanien-Grand-Prix, den man auch in völlig anderem Zusammenhang in den Büchern findet: Es war der erste Start eines sechsrädrigen Formel-1-Wagens, eines Tyrrell.

Der Riesenzirkus, der nach dem Traktorunfall losbrach, war schon Hinweis darauf, dass der Rennsport in der öffentlichen Wahrnehmung seine Fan-Nische verlassen hatte und in seinen saftigeren Stücken nun auch überall stattfand, in den Medien, im Stadtgespräch, falls wir uns das Prä-Internet überhaupt noch vorstellen können.

Für Italien war das weniger überraschend, weil Ferrari in der Volksseele immer obenauf lag. Österreich war noch aus der Jochen-Rindt-Euphorie heraus rasch zu begeistern, aber nun wachten auch die Deutschen auf. Ihr letzter Weltstar in diesem Metier, Wolfgang von Trips, noch ein richtiger Graf mit allen Würden, war schon fünfzehn Jahre tot. Während der ganzen Wirtschaftswunder-Motorisierung hatte Deutschland keinen Leitstern in der Topliga gehabt, überhaupt: keinen Weltmeister im ewigen Kalender. Es war einfach an der Zeit, das Thema wieder für sich zu entdecken. Lauda kam einem Deutschen halbwegs nahe, jedenfalls wurde er für so lang adoptiert, bis sich ein echter Deutscher durchsetzen würde (Jochen Mass und Stuck junior hatten das Zeug dazu, kamen aber vorerst nicht an die richtigen Autos heran, Michael Schumacher saß erst einmal im Kart).

Lauda bewegte sich jedenfalls in einer neuen Sphäre als öffentliches Tier. Der Sommer 1976 ist durch den Film „Rush“ nachträglich ausgeleuchtet worden. Für Hollywood-Maßstäbe schrammt er sogar hübsch an der Vorlage des echten Lebens entlang. Was es für das Drehbuch jedenfalls brauchte: Fürs Kino musste eine solide Gegnerschaft zu einem grandiosen Duell überhöht werden. Niki Lauda vs. James Hunt war immerhin ein guter Ausgangspunkt im echten Leben.

Im ersten Halbjahr konnte keine Rede von einem großartigen Duell sein. Der Ferrari lief makellos, Lauda machte wenig Fehler, gewann vier von den sechs Rennen der ersten Saisonhälfte. Wenn man überhaupt von Verfolgern reden wollte (über 30 Punkte zurück), war es eine Gruppe mit Jody Scheckter (Tyrrell), James Hunt (McLaren) und dem Ferrari-Teamkollegen Clay Regazzoni.

Nun war aber ein anderes Thema am Köcheln, die Sicherheit des Rennsports. Das war immer schon bester Stoff für Heuchelei und abstrakte Diskurse, denn den meisten Menschen war es herzlich wurscht, ob sich ein paar Freiwillige am Sonntag auf irgendeiner Rennstrecke erschlagen, womöglich haben sie ja dafür sogar gutes Geld kassiert. Es gab aber doch zwei markante Kerben in dieser Historie, weil so viele Zuschauer beteiligt waren: 1955 kamen in Le Mans 84 Menschen ums Leben, 1957 gab es elf Opfer an der italienischen Mille Miglia. In beiden Fällen folgten nachhaltige Reaktionen, am stärksten just in der Schweiz, die ja überhaupt nichts damit zu tun hatte: Rennsport auf Rundstrecken wurde grundsätzlich verboten. Das entsprechende Gesetz hielt fast siebzig Jahre, bis es schließlich 2022 in der Schweizer Bundesversammlung aufgehoben wurde.

Und in Italien wurden die Mille Miglia und die meisten anderen Straßenrennen auf ewige Zeiten verboten, man soll das nicht mit den jetzigen historischen Veranstaltungen verwechseln, deren Wettbewerb sich nicht aus Speed, sondern fantasievoller Tüftelei ergibt.

An der grundsätzlichen Un-Sicherheit für die Aktiven änderte sich wenig, und noch in den frühen 70er-Jahren mussten einzelne Fahrer von der Sinnhaftigkeit von Gurten überzeugt werden (nicht komplett angelegte Gurte sind heute noch im Diskurs zum tödlichen Ausgang des Unfalls von Jochen Rindt 1970).

Zum Sinnbild der grotesken Zustände wurde der Feuertod von Ferrari-Fahrer Lorenzo Bandini an der Hafenschikane von Monaco 1967. Das Fernsehen war voll dabei, als erschrockene Streckenposten in sommerlicher Kleidung mit Spielzeug-Feuerlöschern ein bisschen Schaum abdrückten.

Da waren die Klügsten, Jackie Stewart und Joakim Bonnier, bald auch Jochen Rindt und Jacky Ickx, immerhin so weit, eine Agenda vonseiten der Piloten auf die Welt zu bringen: Sie sollten sich erstens selber einen vernünftigeren Auftritt verordnen (guter Anfang: feuerabweisende Kleidung, bessere Helme), zweitens bei Sportbehörde, Hersteller und Veranstalter Richtlinien durchsetzen, die sich lebensverlängernd auswirken würden. Da liefen auch innerhalb der Neigungsgruppen die Vorstellungen völlig durcheinander, ein gutes Beispiel sind Leitschienen: Für etliche Jahre hielt man sie für einen tollen Fortschritt, dann wurden sie als Killer erkannt, zumindest für die kritischen Punkte an Rennstrecken.

Was die Rennstrecken selbst betraf: Für die Formel 1 wurden sie teilweise ausgemustert oder moderneren Vorstellungen angepasst. Am schwierigsten war das im belgischen Spa-Francorchamps (14 Kilometer hügelauf, hügelab in den Ardennen) und auf dem Nürburgring (23 Kilometer rauf, runter, hinüber, herüber und rundum in der Eifel).

Spa wurde boykottiert und für die F1 gesperrt, nun geriet der Nürburgring in den Fokus. Es gab nur das, was man heute Nordschleife nennt, gern auch zur grünen Hölle erhöht. Schon wegen der schieren Länge war das Manko für jede Art von Rettungsdiensten so überdeutlich.

Die Diskussion schwappte noch aus der archaischen Zeit des Rennsports herüber. Rennfahrer, die aus den schlimmsten Jahren kamen, glaubten allein durch ihr Überleben ein Recht für ihren Standpunkt abzuleiten: dass die Schrecken der Todesgefahr nun einmal Bestandteil des wahren Motorsports seien. Bei der Auslese der Besten sei das unverzichtbar. Auch besonnene alte Helden wie der hochverehrte Paul Frère waren dieser Meinung, nicht zu reden von Hitzköpfen wie Richard von Frankenberg.

Im speziellen Fall hieß es rasch: Wenn einer sich nicht auf den Nürburgring traut, soll er zu Hause bleiben. Lauda gehörte zu denen, die sich gegen die Gefährlichkeit des Rings exponierten. Feigheit konnte man ihm schwerlich vorwerfen. Im ganzen F1-Feld von 1976 gab es neben Hans-Joachim Stuck keinen, der mit dem Nürburgring so vertraut war wie Lauda. Als er sieben Jahre zuvor das erste Mal – auf einem Formel V – in der Eifel antrat, hatte er eine volle Woche lang den Kurs gelernt. Er war der ideale Fahrertyp dafür, es war eine Strecke zum Tüfteln, zum Immer-weiter-Perfektionieren. Lauda war alle Arten von Rennen am Ring gefahren, bis 24-Stunden-Marathons, hielt für BMW den Tourenwagen-Rekord und brillierte mit dem schärfsten Ford Capri, den es je gab.

Wir haben öfter darüber geredet, wann Lauda die erste Idee von der Gefährlichkeit des Sports bekommen haben mochte – in den ersten paar Jahren offensichtlich nicht. Es sei ihm erst gedämmert, als er schon in der Oberliga war – und als seinesgleichen starben, Leute, deren Können er beurteilen konnte. *Wenn man miterlebt, wie Leute sterben, die eigentlich keine Fehler machen,* bekommt das Thema eine andere Dimension, mitsamt den lächerlichen Unzulänglichkeiten an Strecke und Versorgung. Der Feuerlöscher beim Tod von Roger Williamson: Mit dem Ding konnte man bestenfalls gegen einen Vorhangbrand antreten. Die Leitschienen in Südafrika, die sich öffneten, als Peter Revson dagegenfuhr, die Hinrichtung Helmut Koiniggs in Watkins Glen: *Wenn man damit konfrontiert wird und dann noch alles beim Alten belässt, ist man einfach ein Idiot.*

1976 war die Zeit reif, unter den Fahrern Mehrheiten für einen Boykott des Rings zu suchen. Es war dann guter Stoff für „Rush", mit Mordsgeschrei im Fahrermeeting, wie die Tapferen die Weicheier überstimmten. Auch Lauda war inkonsequent und gab sich mit der Zusage zufrieden: Es würde das letzte Mal sein. Wirklich? *Ja, letztes Mal Grand Prix am Nürburgring, also okay.*

Am Renntag waren alle Nebengeräusche ausgeblendet. Grübelnde Rennfahrer mit bösen Ahnungen gibt's nur im Kino.

Der erste Mensch, der Niki Lauda am Morgen des 1. August im Fahrerlager über den Weg lief, war Kollege Helmut Zwickl, der sagte: „Die Reichsbrücke ist eingestürzt." Lauda erinnerte sich später daran, und dass er damit nichts anfangen konnte. Die Reichsbrücke?

Ihm war noch das Nieseln bewusst geworden, kurze Schauer, die herbstliche Kühle der Eifel, Trostlosigkeit. Startverschiebungen, Gerüchte über den Zustand der Strecke. Niki hat es mir so erzählt:

Sicher war: Die Bahn war vorwiegend nass. Also Regenreifen. Ich stand zwar in der ersten Reihe, hatte aber einen schlechten Start: Wegen der nassen Bahn war ich mit dem zweiten Gang angefahren, hatte aber zu viel Gas gegeben, die Räder drehten durch. Eine normale erste Runde, recht rutschig, ansonsten aber okay, ich war Neunter oder so ähnlich. Weil es immer stärker auftrocknete, kam ich zum Reifenwechsel an die Box. Ein ordentlicher, schneller Wechsel.

Ich höre ein Rattern, kapiere irgendwann: Hubschrauber, ich bin in einem Hubschrauber.

Ich liege in einem Bett und glaube, dass bald alles aus ist, ich bin müde und will einschlafen und nichts mehr wissen. Überall an mir gehen Schläuche rein und raus, ich höre Stimmen, sehe eine Bewegung, spüre, wie ich wieder wegkippe, dann denk ich nur immer, ich darf nicht, ich darf nicht, und ich hänge mich an eine Stimme wie an ein Seil, solang ich die Stimme höre, lebe ich noch, und ich kämpfe und kämpfe und will nicht aufgeben, und dann verstehe ich plötzlich ein Wort, Fittipaldi, ich kann eine Stimme erkennen, das ist Grajales, der Arzt, Fittipaldis Arzt, unser Arzt, ich kann seinen Tonfall erkennen. Der Erfolg des Namen-Findens reißt mich aus der Resignation, mir ist bewusst, dass ich leben will.

Ich höre Marlenes Stimme. Ich kann sie nicht sehen, kann nicht reden, das kurbelt wieder mein Denken an. Ich verstehe meine Situation: Unfall, Krankenhaus, Lunge.

Ich kann also Willen entwickeln, ich verstehe Dinge und kann etwas verlangen – ohne was zu sehen, ohne reden, ohne mich bewegen zu können. Ich verstehe „Lunge absaugen" und dass es wichtig ist und weh tun wird, dass ich irgendwie mitarbeiten muss, dazu bereit sein muss, ich bin dazu bereit, der Schmerz ist grausam.

Laudas Erinnerungslücke hatte also beim Boxenstopp begonnen, es gab ein kurzes Erinnern an das Hubschrauber-Gefühl, wieder Lücke bis zur Wunschlosigkeit im Krankenhaus. Dann die erste aktive Regung durch das Erkennen einer Stimme.

Es gab insgesamt nur vielleicht drei oder vier TV-Kameras an der 23 Kilometer langen Strecke, keine in der Nähe des Unglücksorts. Es dauerte etliche Tage, bis eine Super-8-Aufnahme eines Burschen, der auf der Böschung oberhalb des Kurvenausgangs gestanden war, verfügbar war, dann tauchten noch etliche Amateurvideos auf, zwei davon darf man mittlerweile dem kollektiven Gedächtnis der Motorsport-Community zurechnen.

Es war wohl Tempo 200, als das Auto plötzlich rechts abbog, jedenfalls stärker als dem Lenkradeinschlag entsprechend, es durchschlug die Rettungszäune, prallte gegen die Böschung, wurde zurückgeschleudert, dabei flog ein Trumm vom Tank weg. Dazwischen wurde dem Fahrer an einem Begrenzungspflock der Sturzhelm vom Kopf geschlagen, glatt weggeschlagen, unglaublich.

Der Ferrari stand quer zur Fahrbahn und hatte schon zu brennen begonnen, Brett Lungers Wagen, dann auch der von Harald Ertl, rammten ihn und schoben ihn gut zwanzig Meter weiter. Jetzt hatten auch Arturo Merzario, Guy Edwards, Ertl und Hans-Joachim Stuck angehalten, waren aus den Autos gesprungen und versuchten zu helfen. Der entscheidende Mann war Merzario. Er war ins Feuer gegangen, Niki hatte geschrien, sein Körper bäumte sich auf, dadurch waren die Gurte so gespannt, dass sich das Schloss nicht öffnen ließ. Merzario musste schnell raus aus den Flammen. Inzwischen kam ein Streckenposten mit einem kleinen Feuerlöscher angerannt, Brett Lunger nahm das Ding und sprühte den Weg zum Cockpit frei, sodass Merzario noch einmal ins Feuer konnte. Jetzt war Lauda in sich zusammengesackt, der Gurt ließ sich öffnen. Unglaublich, dass der leichtgewichtige Italiener den Körper aus dem brennenden Cockpit zerren konnte. Er leistete auch dann die entscheidende erste Hilfe, er war beim Militär Sanitäter gewesen: Herzmassage, Mund-zu-Mund-Beatmung.

Dem ortskundigen Hans-Joachim Stuck war es zu verdanken, dass der Rettungswagen nicht noch eine halbe Stunde über Landwege rumpelte, sondern dass man eine Abfahrt gegen die Richtung des nun gesperrten Rennens erlaubte.

Etwa zu der Zeit, als Lauda im Krankenhaus ankam, wurde das Rennen neu gestartet. Sieger wurde James Hunt vor Jody Scheckter und Jochen Mass.

Nikis Erinnerung an den vierten Tag, Intensivstation Mannheim.

Man nimmt mir den Tubus raus, ich kann zum ersten Mal sprechen. Besucher: Marlene, meine Verwandten, alle in Grün, mit grünen Mänteln, grünen Hauberln. Ich sage: Wie schauts denn ihr aus? Es hat 30 Grad. Wegen

Laudas Ferrari ist von der Böschung über die Fahrbahn geworfen worden und hat Feuer gefangen. Brett Lungers Wagen, jetzt quer, ist in den Ferrari gerutscht, hat ihn weitergeschoben. Arturo Merzario hat Lauda aus den Flammen gezogen. Lauda liegt auf dem Grünstreifen hinter dem Feuer. Größere Feuerlöscher sind unterwegs.

der Verbrennungen und der speziellen Infektionsgefahr bin ich innerhalb des großen Raums der Intensivstation noch einmal abgesichert in einer kleinen Kammer.

Am Donnerstag zeigt man mir einen Spiegel. Ich muss meine Augenschlitze mit den Fingern spreizen, um deutlich sehen zu können. Der Kopf ist auf das Dreifache angeschwollen, die Riesenmelone steckt direkt auf den Schultern, Hals und Nase sind überhaupt nicht zu erkennen. Da reißt's dich schon ein bisserl, wenn du das siehst. 800 Grad, sagt die Schwester, das macht die Hitze von 800 Grad.

Das erste deutlich ausgeprägte Erfolgserlebnis: Ich gehe herum, eine Schwester stützt mich. Die armen Hunde, denke ich beim Durchgehen, lauter schreckliche Fälle. Einem ist der Wagenheber abgerutscht, dann fiel ihm das Auto auf den Kopf. Eine Schwester ist über ihn gebeugt und versucht immer wieder festzustellen, ob er irgendwelche Reflexe hat. Sie schreit immer wieder: Machen Sie die Augen auf, machen Sie die Augen auf. Sie schwäbelt stark, eigentlich hört es sich an: Mache Se de Oge of, mache Se de Oge of. Aber er tut nichts.

Drei Tage zuvor war ein Priester mit den Sterbesakramenten gekommen. Kürzeste Fassung: Lauda, belämmert, blind und stumm und angebunden, kriegte einen solchen Schreck, dass er sich wehren musste. Aus diesen Fetzen von Erinnerungen ist es überraschend, dass Lauda so viel mitkriegte: *Er leiert einen lateinischen Spruch runter, wie ein Urteil. An einer solchen Letzten Ölung kann man sterben wie an einem Schock. Der Priester sagt überhaupt nichts Nettes, macht keine Erwähnung vom Vielleicht-Leben.*

Die Verbrennungen an Gesicht, Kopf und Händen waren nicht lebensgefährlich gewesen, wohl aber die Schäden an Lunge und Blut (durch das Einatmen der Dämpfe des brennenden Benzins). Die wichtigsten Hauttransplantationen – vom rechten Oberschenkel ins Gesicht – wurden bald nach der kritischen Zeit gemacht und verliefen gut.

Das Krankenhaus war belagert, es gab Einschleich-Fotoattacken und Bestechungsversuche an Krankenschwestern. „Bild" zog wochenlang eine Blutoper durch: „Niki Lauda, der schnellste Rennfahrer der Welt, hat kein Gesicht mehr – es ist rohes Fleisch." Als die Entwarnung kam: „Niki Lauda kommt durch", schloss sich daran die größte Sorge von „Bild": „Wie lebt ein Mann ohne Gesicht?" Lauda bekam nur mit, wie er sich selber im Spiegel sah, für ihn gab es keine Zeitungen im Spital.

Nach gut einer Woche konnte er den Ärzten klarmachen, dass er sich nur zu Hause erholen könne. Er wurde vermummt aus der Klinik gebracht und nach Salzburg geflogen. Willi Dungl ließ sich von seinem Job aus dem Camp der Skispringer in Kanada befreien und war zur Stelle.

Auch im Rückblick aus Jahrzehnten bleiben die sechs Wochen zwischen Spital und Monza unglaublich in dieser Dichte von Problemen in allen Himmelsrichtungen – das neue Bild vom Lauda darzustellen, den lädierten Körper zu sanieren, dem Druck als öffentliches Tier standzuhalten, ein Nahziel zu beflaggen, das hieß, gleich wieder als Rennfahrer zu funktionieren, im neuen Gemenge von Freund und Gegner und Begehrlichkeiten die Richtung zu finden und mittendrin bei Verstand zu bleiben.

Ein Beispiel für Schmerzen waren die Ohren oder was von ihnen übriggeblieben war. Sie bestanden aus rohem Fleisch und taten unglaublich weh. Dungl rief den Chirurgen an, der sagte ungefähr, wahrscheinlich wird ihm der Rest auch noch abfaulen, dann sind die Schmerzen weg. Dungl marschierte runter zum Fuschlsee und grub irgendwelche Wurzeln aus, dazu sagte er Dinge wie, das hat schon den Kreuzrittern geholfen. Zwei Wochen später hatte Niki wieder Haut über dem, was von den Ohren übriggeblieben war.

Oder wie man mit dem umging, was als Gesichtsschutz (Sturmhaube, die „Balaklava") über der Haut verbrannt war, nun Teil der frisch transplantierten Fläche war und in 70 Mikroteilchen herausgeholt werden musste.

Als wichtigster Satz jener Tage bleibt stehen:

Psychisch war es deshalb nicht so schlimm, weil ich mein Überleben viel eindrucksvoller empfand als den Schrecken über mein Aussehen.

Lauda schaute sich das vorerst einzige Video vom Unfall hundertmal an.

Ich hab natürlich gewusst, dass ICH das bin, dass es MIR passiert. Aber gefühlsmäßig war es irgendein fürchterlicher Unfall, der irgendwem zustößt, völlig abstrakt. Ich konnte diese Szenen nicht auf mich beziehen. Es gab keine Erinnerung und keinen Zusammenhang. Als wäre es eine völlig fremde Person. Abbiegen, Anprall, Rutschen, Feuer – „schau dir den an! Schau dir den an!" Als ich einen anderen Amateurfilm sah, dachte ich bloß, na bumm, da brennt's ordentlich!

Es war auch keine klare Ursache für das unvermittelte Rechtsabbiegen des Wagens erkennbar. Als Ferrari-Rennleiter hatte es Daniele Audetto für seine Pflicht gehalten, einen Defekt am Auto auszuschließen, also musste es wohl ein Fahrfehler gewesen sein. Bald nahm man aber den Standpunkt ein, die Ursache sei ungeklärt, das Auto sei zu sehr zerstört für irgendwelche Untersuchungen. Dabei blieb es. Auch Lauda ließ sich nicht auf die geringste Debatte ein. Ungeklärt.

Inoffiziell verdichteten sich alle Blickweisen (und auch die des Niki) darauf, dass hinten beim Motor der rechte Längslenker ausgerissen war. Der Motor ist ja ein tragendes Element und durch ein Magnesiumteil mit der Radaufhängung verbunden. Wenn dieses Teil abreißt, ist die Halterung des Rads nicht mehr gegeben, das Hinterrad würde lenken und sich wegdrehen. Das würde genau den Effekt ergeben, der zum plötzlichen Rechtsabbiegen führt. Es gab solche Defekte schon früher bei Ferrari, die Mechaniker wussten es.

Über den Defekt wurde nie offen geredet. Damals war man noch nicht so versessen drauf, bei Defekten, die zu Unfällen führten, gleich den Hersteller in die Pflicht zu nehmen (sechs Jahre zuvor war Jochen Rindt wegen einer gebrochenen Bremswelle gestorben, ohne Konsequenzen für Lotus-Chef Colin Chapman). Bei Ferrari wurde bloß darauf hingewiesen, dass durch die totale Vernichtung des Wagens keinerlei Hinweise mehr zu finden seien. Die Möglichkeit oder Wahrscheinlichkeit eines Ferrari-hausgemachten Defekts schien absolut niemanden zu beunruhigen. Und am allerwenigsten stieg der Chef in die Niederungen irgendwelcher Details.

Enzo Ferrari sagte: „Es war ein großer Unfall."

Dass der Tank weggeflogen war, dass das Auto Feuer gefangen hatte – geschenkt. Lauda meinte, das müsse man bei jedem Auto befürchten, das mit Tempo 200 in die Böschung einschlägt. Wesentlicher: Der robusten Bauweise des Ferrari habe Niki das Leben zu verdanken. In diesem Fall sei der Eisenrahmen, der das genietete Aluminium stärkt, voll zum Tragen gekommen. Den Luxus von so viel Robustheit (und den Nachteil höheren Gewichts) habe sich damals nur Ferrari geleistet.

Eine andere Sache war, dass der Anprall mit einem Pfosten auf der Böschung den Helm glatt vom Kopf schlagen konnte, eigentlich unglaublich. Man mag aber gar nicht nachdenken, ob die offensichtliche Schlamperei bei der Helm-Passform vielleicht sogar förderlich für das intakt gebliebene Genick des Weltmeisters gewesen sein mag.

Was Niki Lauda noch im Video sah, vielleicht auch hundertmal: wie Arturo Merzario durch die Flammen ging. Bei aller Wertschätzung der Hilfeleistungen von mehreren Seiten: Ohne Merzario wäre alles vergebens gewesen.

Lauda brauchte Jahrzehnte, um damit klarzukommen: dass es einen Menschen gab, dem er sein Leben verdankte und dass es die natürlichste Sache der Welt wäre, ihn bei nächster Gelegenheit zu umarmen und ihm zu sagen, was immer in einem solchen Moment aus dem Herzen kommt. Für unsereins war das nicht zu kapieren, und als ich für Niki zum ersten Mal (also noch 1976) nach Worten für seinen Zustand suchte, kamen wir nicht über diese lächerlichen Sätze hinaus:

Am großartigsten ist die Tat von Arturo Merzario, der wie der liebe Gott durch die Flammen geht und es schafft, meinen Sicherheitsgurt zu lösen. Seine Tat hat seine Beziehungen zu mir nicht verändert: Er konnte mich vorher nicht leiden und hat mich in der italienischen Presse beschimpft und attackiert, er hat nachher das Gleiche getan. Er war also wirklich ein selbstloser Retter: Er hat einen Kerl herausgezogen, den er nicht ausstehen konnte.

Die Zeit machte die Dinge für Jahrzehnte nicht besser. Niki blieb kurz angebunden, wenn unsereins ihn darauf ansprach, und die ganze Racing Community kriegte mit, dass Lauda im Umfeld der Rennen dem Italiener aus dem Weg ging. So fantastisch er mit dem Unfall selbst umgegangen war, die fehlende Gemütsregung gegenüber Merzario blieb ein Rätsel. Es gab zwar (sehr, sehr spät) das übliche Dankgeschenk, aber es war halt doch nur eine patscherte teure Uhr.

46 Jahre nach dem Unfall, also 2022, führten die österreichischen Journalisten August Kargl und Kurt Zeillinger für „auto touring" ein Interview mit Merzario (er war 79, topfit und quirlig, wie üblich mit Cowboyhut).

Lebensretter Arturo Merzario, Niki Lauda
nach Jahrzehnten des rätselhaften Schweigens

Merzario: „Ich wusste gar nicht, welches Auto, welcher Fahrer da verunglückt ist. Erst als ich das erste Mal ins Feuer stieg, erkannte ich, dass es Niki war. Niki war noch im Auto, er hat geschrien, wollte raus. Sein Körper hat sich aufgebäumt, und dadurch waren die Gurten so gespannt, dass ich den Verschluss nicht öffnen konnte. Ich musste schnell raus, konnte nicht länger im Feuer bleiben. Ein Streckenposten kam mit einem kleinen Feuerlöscher angelaufen. Brett Lunger nahm den Feuerlöscher, sprühte den Weg zum Cockpit frei, sodass ich nochmals ins Feuer hinein konnte … Bis heute kann ich mir nicht erklären, wie ich – ein Leichtgewicht – allein den Körper von Niki aus dem Auto ziehen konnte. Niki war in sich zusammengesackt, und ich konnte diesmal den Gurt öffnen. Glück für Niki … Ich habe meinen Militärdienst bei den Sanitätern abgeleistet und wusste, wie Erste Hilfe zu leisten war. Niki war eigentlich schon tot. Meine Herzmassage und die Mund-zu-Mund-Beatmung bis zum Eintreffen der Rettung waren sicher lebensrettend. Mir war bewusst, dass das Problem die Gase sein würden, die Niki eingeatmet hat: Plastik, Magnesium, Titanium … Erst als Ronnie Peterson 1978 nach Fahrzeugbrand in Monza verstorben ist, wurden alle diese Materialien verboten … Oft wurde ich gefragt, ob ich Angst hätte. Die Wahrheit ist: Wir alle haben Angst. Nicht vor dem Tod. Sondern viel mehr vor Beeinträchtigungen, sprich den körperlichen Folgen eines Unfalls … Schon 40 Tage nach dem Unfall war Niki zum Rennen in Monza wieder zurück … Das Fahrerlager bestand aus vielen offenen Zelten. Niki Lauda ist wortlos an mir vorübergegangen. Er hat mich nicht gegrüßt, nicht einmal angeschaut. Das hat mich tief getroffen."

Was Lauda wirklich an einem normalen Verhalten gehindert hatte, werden wir nicht erfahren. Nach ungefähr zwei Jahrzehnten machte er irgendwo eine Bemerkung, dass es ihm leidtue, und Bernie Ecclestone arrangierte ein Treffen zwischen den beiden. Für Merzario war das okay, und er sagt, sie seien dann „so etwas wie Freunde" geworden. Sie hätten aber nie auch nur ein einziges Wort über den Unfall gesprochen.

Mag sein, dass Lauda grundsätzlich nicht unbedingt Weltmeister in Sachen Empathie war. Zumindest hatte er wenig Antrieb, dies im Umfeld seines Berufs nach außen hin zu zeigen. Trotzdem bleibt der Umgang mit seinem Lebensretter rätselhaft, wir lassen's wohl dabei.

NÜRBURGRING

1927 als „Erste Gebirgs-, Renn- und Prüfungsstrecke" in der Eifel eröffnet. Bestand aus **Nordschleife** (22,8 km, seit 1981 20,8 km), **Südschleife** (7,7 km, bis 1982) und **Start-Ziel-Schleife** (2,2 km, bis 1982), die einzeln oder kombiniert befahren wurden. Seit 1984 existiert zur Nordschleife ein inzwischen 5,1 Kilometer langer **GP-Kurs** mit gemeinsamem Start-Ziel-Bereich.

Immer bessere Performance der Rennwagen machte die Nordschleife im Lauf der Zeit zum Sicherheitsrisiko. Bernd Rosemeyer (D) umrundet sie 1936 im 500-PS-Autounion-GP-Wagen erstmals unter zehn Minuten (9:56,6 min, Schnitt 137 km/h). Niki Lauda brauchte 1969 für seine 9:58,9 im Formel-V-Training nur 80 PS. Im Training 1975 unterbot Lauda als erster und einziger F1-Fahrer die 7-Minuten-Grenze (6:58,4 min, Ferrari). 1976 fuhr die F1 das letzte Mal auf der Nordschleife, die mittlerweile Tourenwagen und Publikumsfahrten vorbehalten ist.

Den **absoluten Rundenrekord** hält seit 2018 Timo Bernhard (D) auf Porsche 919 Hybrid Evo (5:19,55 min, Schnitt 233,8 km/h).

KAPPLN

Ist das Kappl ein Teil von dir?
Es wurde ein Teil von mir
nach dem Unfall.
Weil der Kopfverband vom Willi Dungl
ist immer raufg'rutscht,
so wie er auch bei dir raufrutschen tät.
Wieso bei mir?
Weil du a so an Eierschädel hast.
I hab an Eierschädel?
Ja, aber wurscht.
Können wir jetzt bitte sachlich werden?

(Völker, Lauda)

Italienische Klassik: Lauda, Ferrari, Parmalat

parmalat
Racing

Tradition in Wien: Hutmode Mauerer

K

Kappen gab's zwar immer, aber solche mit Logo waren gerade mal Erkennungszeichen zwischen Baseball-Fans. Ihre Logos hatten kaum kommerzielle Bedeutung.

Nach seinem Unfall 1976 brauchte Lauda eine Kappe, um den Kopfverband zu sichern. Man hat ja zum Glück längst vergessen, wie Niki damals wirklich ausgeschaut hat. Boulevardmäßig war das ein gefundenes Fressen. „Bild" schrieb unter dem Titel „Mein Gott, wo ist sein Gesicht?": „Niki Lauda, der schnellste Rennfahrer der Welt, hat kein Gesicht mehr – es ist rohes Fleisch, die Augen quellen heraus … Wie kann er ohne Gesicht weiterleben? So grauenhaft es klingt: Auch wenn sein Körper wieder ganz gesund ist, wird er sich ein halbes Jahr nicht unter Menschen trauen. Erst Anfang 1977 wird sein neu geformtes Gesicht fertig sein. Nase, Augenlider, Lippen sind dann geformt. Dieses Gesicht wird seinem früheren Gesicht kaum noch ähnlich sehen. Nur an seiner Mimik und an seiner Sprache werden Freunde den Rennfahrer erkennen."

Im echten Leben traute sich Niki schon ein paar Wochen nach dem Unfall „unter Menschen" und sogar ins Cockpit des Ferrari zum Comeback in Monza. Willi Dungl hatte einen Verband konstruiert, mit dem es zwei Stunden unter einem Helm auszuhalten war. Für die restliche Zeit brauchte der Kopf mehr Luft unter welcher Kappe auch immer. Es bot sich die hohe baseballmäßige Goodyear-Kappe an, da passten Bandagen drunter. Die Kappe war sowohl Selbst- wie auch Verletzungsschutz.

Ein Kappl war lebensnotwendig. Meine versengte Glatze und das fehlende Ohr waren keinem Menschen zuzumuten, und die Kappe schützte mich ein bissl vor den Menschen und vor mir selber, wenn ich mich in den Spiegel schaute. Zwar hab ich an den Blicken der Leute gemerkt, dass jeder eigentlich unters Kappl schauen wollte, aber die Neugier war immer noch besser als der nackte Schrecken. Die Leute gewöhnten sich also daran, dass der Lauda ein Kappl trug, wann immer man ihn sah.

Die Goodyear-Kappe war im Styling ein ziemliches Ungetüm, sollte aber eh bloß Notlösung sein. Da Niki einen Vertrag mit Römerquelle für das Helm-Logo hatte, war es naheliegend, auch eine Römerquelle-Kappe zu verwenden, bloß als zusätzliches (Gratis-)Goodie für einen Sponsor, dessen Vertragsverlängerung sowieso anstand. Der gute Kontakt würde sich jetzt umso mehr auszahlen, als es eine höllische Zeit war: Verbrannte Ohren, die Birne tat noch immer weh, Druck von Ferrari, Blödheiten in der Presse, Superfragen in Pressekonferenzen („Wird sich Ihre Frau scheiden lassen, so wie Sie jetzt ausschauen?"), da ist jeder froh, wenn er Halt bekommt bei den alten Partnern. Bald danach hatte sich der Römerquelle-Chef bei Laudas in Salzburg angesagt, Marlene bat zum Lunch.

Der Gast druckste ein bissl herum wegen der Vertragsverlängerung und sagte sinngemäß, dass man ja die Folgen des Unfalls noch nicht abschätzen könne, was wisse man denn, ob Lauda nächstes Jahr noch ordentlich Auto fahren könne. Niki sagte zu Marlene, der Herr hat keinen Hunger, er fährt schon heim.

Bald meldete sich Calisto Tanzi von Parmalat. Er war Ferrari-Fan und Lauda-Fan, die beiden konnten sich gleich gut leiden. Tanzi hatte mit einem Salami-Verkaufsstand in Parma begonnen und dann von einem Kärntner eine besondere Maschine gekauft, mit der neue Wege in der Milchverwertung möglich waren, wenn man das so sagen kann. Tanzi war ein richtiger Selfmade-Man, ein total erdiger Typ, alles echt.

Die Kappen wurden keineswegs aus Bologna geliefert (obwohl Niki dem nie, nie, nie widersprochen hätte), sondern in Wien gefertigt, in der Schneiderei seines Freundes Lemmy Hofer nach designmäßiger Beratung durch Hannes Rausch. Der originale italienische Entwurf hatte den Wunsch nach sanfter Verbesserung ergeben, dem Calisto Tanzi war's recht.

Hannes Rausch war später Mastermind aller Lauda-Air-Designs, vom Dreieck-Geschirr über die Bestuhlung der Australien-Jets bis zu den Außenfarben der 767er-Flotte. Ein Liebender des Details. Heikle Jobs, sagt er, seien die Schuhe der Stewardessen und die Kappln des Chefpiloten gewesen.

Des Künstlers Sorge um Nikis Befindlichkeit begann beim Stoffkontakt mit der verbrannten und auch später noch immer heiklen Kopfhaut. Es ging um den Luftpolster ohne doofen Baseball-Look, um das Schirmdesign – vom Flachdach zur leichten Wölbung an den Kanten in zärtlichen Nuancen. Was wie höchst gefällige Dutzendware aussah, war handbearbeitet und schmiegte sich perfekt ans verschrumpelte Ohr. Auch die Schriftzüge der späteren Marken wurden von Hannes Rausch behutsam redesignt. Das Parmalat-Emblem blieb natürlich einsame Spitze, mit einer gewissen olympischen Ausstrahlung, so kann man das ruhig sagen.

Und es war ja trotz aller Italianità ein österreichisches Wappen, fast über dreißig Jahre hinweg. Lauda war tausendmal im Fernsehen, äußerte sich zu Wirtschaft, Gesellschaft, Kultur und Feminismus, sprach kluge Worte und auch etlichen Schmarrn, und immer war das Kappl dabei. Niki wurde zum zweiten Mal Weltmeister, verließ Ferrari, das Parmalat-Kappl blieb, Lauda fuhr für Brabham, trat vom Rennsport zurück, kehrte wieder, wurde zum dritten Mal Weltmeister, inzwischen konnte man den dazugehörigen Parmesan auch im österreichischen Supermarkt kaufen, aber die Botschaft war weder Käs' noch Salami, sondern Niki, Österreich. Wir hatten das sehr gern, dieses Kappl, und unsere Kinder wuchsen auf damit. Achtziger Jahre, was war da? Der Niki mit dem roten Kappl. Was stand drauf? … öh, Parmalat, gell?

Da die Sache von öffentlichem Interesse war, gab Lauda auch brav Auskunft: *Ich trage eine Kappe jeweils so lang wie meine Schuhe, also ungefähr ein halbes Jahr. Dann sind Kappen ein bissl verfilzt und Schuhe ein bissl verhatscht.*

Wenn es zwischendurch einen Hund im Haus gab, kam es zu einem etwas rascheren Schwund. In den Zeiten von zwei Hunden wurde sogar ausführlich um den roten Knochen gestritten.

Nach Nikis Erinnerung, wie er sie eine Weile später wiedergab, hatte Stefano, der Sohn des Parmalat-Gründers, nach gut einem Vierteljahrhundert den Vertrag gekündigt, quasi, wir brauchen dich nicht mehr. Von Laudas Seite war das wohl ein Schutz gegen weitere Fragen, denn es war ihm sicher nicht egal, dass die Figur des großen Calisto Tanzi in die Kriminalität abgedriftet war. Der stand nun im Zentrum einer Pleite und eines riesigen Korruptionsprozesses, der sogar für italienische Verhältnisse ein bissl zu viel von allem war. Tanzi kam für etliche Jahre ins Gefängnis und starb mit Fußfessel. Für Lauda blieb die Sache immer ein wenig rätselhaft: *Auf die Art, wie ich ihn kannte, ist nicht vorstellbar, dass er ein Gauner sein könnte. Andererseits ist der Fehlbetrag so gigantisch, dass er sich aus dem Risiko des Geschäftslebens nicht erklären lässt. Ich weiß es einfach nicht.*

In unserer Wahrnehmung folgte die Banalisierung von Inhalt und Farbe. Viessmann ist natürlich ein Vorzeigekonzern, aber mit einem Viessmann-Kappl konnte man nimmer die ganze Nation beschirmen. Rot, immerhin. Den größten Respekt hatten die wenigen Insider vor der neuen Dimension des Werbewerts des Kapplträgers. Auf Viessmann folgte Oerlikon, viel teurer, aber schlechter, weil Rüstungsbetrieb, dann kam eine Peinlichkeit, die wir schon vergessen haben, noch dazu in Blau. Es folgte Abu Dhabi, wieder in gefälligem Rot, mit dem Schriftzug aabar, der uns auf angenehme Weise fremd blieb. Was sollte man zu aabar viel sagen? Automatisch wusste man, dass ein besonderer Schädel druntersteckte.

Irgendwann in all diesen Jahren hatte sich das Kappl in der äußeren Wahrnehmung verselbständigt als Identität des Trägers, insofern durfte man es schon befremdlich finden, dass Niki gemeinsame Sache mit Novomatic machte.

Es war sinnlos, mit Lauda darüber zu diskutieren, ob ein Mensch, der sich alles leisten konnte, unbedingt Werbung für Glücksspiel machen musste. Auch beim privaten Schmähführen war ihm nicht der Schimmer eines Zweifels zu entlocken. Genauso gut konnte es also auch in der Zeitung stehen. Schlusspassage eines Interviews, das ich 2014 für den „Standard" führte:

Niki, ich hätte dir ein segensreicheres Generalthema gewünscht als das Glücksspiel. Aber du siehst das offensichtlich anders.

Komplett anders. Ich bin glücklich mit Novomatic, und sie sind glücklich mit mir. Ich hab mir alles genau erklären lassen: wie alles penibel kontrolliert wird und alles total legal vor sich geht. Sonst hätte die Marke nie weltweit so anerkannt und erfolgreich werden können.

Passt das zu dir? Vorbild der Jugend?

Die Jugend muss für sich selbst entscheiden, was sie will.

Okay, trotzdem: Empfindest du eine gewisse Vorbildfunktion für die Jugend?

Ich sehe da keine Aufgabe, um mich wichtig zu machen. Auf der anderen Seite würde ich mich auch nicht wohlfühlen, wenn ich mich blöd aufführen tät'. Es ist mir sicher nicht wurscht, wie Max und Mia mich eines Tages im Rückblick sehen werden.

Ab wann dürfen Jugendliche an den Automaten spielen?

Du willst mich nur ärgern. Schluss jetzt.

JAMES HUNT

Lauda erzählte viel später,
dass er damals Hunt für den besten
Fahrer der Welt hielt
(sich selber mitgerechnet oder nicht,
da war er sich nicht so sicher).

Der Sportler als Popstar:
James Hunt in seinem Weltmeisterjahr 1976

YEAR GOODYEAR

Die Trostlosigkeit des Rennens am Fuji Circuit,
Symbolbild der verlorenen Weltmeisterschaft von 1976

Hunt: „Niki, du siehst nach dem Unfall einfach besser aus."

TEXA
James
Hunt

A

Als James Hunt Lauda das erste Mal nach dessen Feuerunfall sah, sagte er: Du schaust jetzt besser aus. Das Barbecue hat dir gutgetan, du bist nimmer so hässlich wie früher.

Hunt war der einzige Mensch, der so mit Lauda reden konnte, und Niki konnte völlig entspannt drüber lachen. Aus Sicht des unbekümmerten Engländers war ja auch eine gewisse Wahrheit hinter der Flapsigkeit: Im Vergleich zu dem vitalen, superfeschen Hunt hatte der junge Lauda buberlhaft ausgesehen, mit Kaninchen-Zitaten. Nun, mit Verband oder ohne, mit abgeklebten Ohrwascheln, war er jedenfalls interessant, sein Gesicht erzählte eine ganze Geschichte. Die meisten schauten nur verstohlen hin, Hunt grinste höchstens, und Niki sagte, dass ihm das taugte.

Neben Ronnie Peterson war Hunt der Formel-1-Fahrer, den Lauda schon aus den frühen Aufsteigerjahren kannte. 1970 war die Formel 3 die härteste Liga in Europa für Youngster, die es wirklich wissen wollten, alle Teams saßen in England, hießen etwa Brabham, Cooper oder Lotus und kassierten Mitgift von den hoffnungsvollen Zwanzigjährigen, die sich immerhin schon als Hochbegabte ausgewiesen hatten.

Erste Erinnerung Laudas an Hunt war, dass der Kerl immer mit seinem Mechaniker im Ford Transit unterwegs war und ein Zelt dabeihatte. Für eine Zeitlang im Sommer 1970 ging sich für Niki und James auch eine gemeinsame Einzimmerwohnung in London nahe der Nordwest-Ausfahrt aus.

Es gab immer eine Riesenhetz mit ihm, und es waren immer ein paar Frauen im Spiel, viel konkreter wurde Lauda nicht in den Schilderungen von seiner Londoner Zeit mit Hunt, er hatte ja auch wirklich andere Sorgen in jenem Jahr der Schulden, Defekte, Ausfälle und Null-Erfolge, und Mariella wollte daheim in Salzburg auch von keinen Zoten hören. Tatsache war, dass Hunt und Lauda einander mochten, samt dem Gegensatz des schmalen Buberls zur saftigen Heldenfigur mit der blonden Mähne und einem Charme, dem bald ganz England verfallen würde.

Hunt und Lauda trafen erst wieder in der Formel 1 aufeinander, als der Engländer zwischenzeitlich die Szene aufgemischt hatte. In der Chronologie des Rennsports erkennen wir das heute als letztmögliches Zeitfenster für extravagante Spinnereien, mit einem dicken jungen Lord als Teambesitzer, Groupies an der Box und einem Rennfahrer, der vor dem Start rasch noch einen Schluck Champagner nahm und die Zigarette im Mund hatte, während er sich die Gurte festzurren ließ.

Nach dem Höhepunkt von Spinnereien, Sex, Drugs und Verzauberung war dem sagenhaften Lord Hesketh dann aber doch das Geld ausgegangen, sodass James Hunt für 1976 eher zufällig bei einem wesentlich ernsthafteren Team landete, das war McLaren.

Lauda erzählte viel später, dass er damals Hunt für den besten Fahrer der Welt hielt (sich selber mitgerechnet oder nicht, da war er sich nicht so sicher). Die Saison 1975 habe James durch das operettenhafte (wenn auch bewundernswerte) Team des dicken Lords verjuxt, McLaren war nun eine andere Kategorie.

1976 konnte aber vorerst keine Rede von einem großartigen Duell im Hollywood-Format sein. Der Ferrari lief makellos, der Chefpilot machte wenig Fehler. Bis zum Nürburgring hatte Lauda fünf von neun Rennen gewonnen, Hunt zwei.

Erst durch Laudas Unfall und das Fehlen am Österreichring und in Zandvoort – bei gleichzeitiger Superperformance von James Hunt – ergab sich dieses später so gehypte „Duell" um die Weltmeisterschaft, so sehr gehypt, dass es letztlich einen abendfüllenden Film ergab. Das letzte Rennen, durch den knappen Punktestand zum Showdown geworden, war der Grand Prix von Japan auf dem Fuji Circuit, total verregnet.

Zwei oder drei Tage nach Nikis Rückkehr hat er mir die Dinge so erzählt, ich hab's abgetippt, Niki hat's durchgelesen und gesagt, *genau so war's.* Jahre, Jahrzehnte später, wenn wir auf dieses Thema und die Erzählung darüber zurückgekommen sind, fiel ihm dazu noch ein: Hätte er nicht noch den Horror vom Nürburgring in sich getragen, wären ihm die Fluten in Japan auch eher wurscht gewesen, er wäre zwar vorsichtig gewesen, hätte aber das Rennen beendet und wäre wieder Weltmeister geworden. Trotzdem: keine Träne für Fuji. Lauda unfiltered, 1976:

Regen, Regen, Regen, erstes Aufwärmtraining, nur versuchsweise. Ich komme gleich zur Box, weil es Wahnsinn ist, hier zu fahren. Alle Fahrer außer dreien sind gegen einen Start. Reden, Verhandeln, Streiten, hin und her und her und hin: Rennleitung, Teamchefs, Fahrer. Zweites Aufwärmtraining, da fahren nur einige Leute, ich nicht.

Es ist der reine Irrsinn, bei so viel Wasser zu fahren: Du verlierst jeden Orientierungssinn, weil du nichts siehst, bekommst Aquaplaning, es dreht dich um, und du weißt nicht, warum. Du fährst auf der Geraden und biegst plötzlich ab, links, rechts, verkehrt zurück, du kannst nicht sagen, wohin.

Hektik und Streitereien, Argumente hin und her, das Fernsehen, man müsse doch an das Fernsehen denken. Auf einmal sagen sie: Es ist zwei Uhr vorbei, um fünf wird es finster, also müssen wir jetzt starten. Ein Wahnsinn: Da debattiert man fünf Stunden, überlegt hin und überlegt her, und plötzlich gelten all diese Gedanken nicht mehr, weil es halb drei ist. Start in fünf Minuten, sagen sie. Es regnet jetzt weniger, angeblich ist auf der ganzen Strecke das Wasser mit Bürsten weggekehrt worden, aber es war nur ein Versuch, der nichts Grundsätzliches geändert hat.

Aufwärmrunde vor dem Start, wir fahren ganz langsam. Neben mir kreiselt Watson plötzlich in die Wiese hinaus: Aquaplaning. Bäche rinnen über die Bahn, auf diesen Bächen schwimmst du wie Papier hinunter und fängst dich irgendwo wieder. Eine einzige Überlegung motiviert mich: Vielleicht bekommen wir bald eine trockene Spur. Aber am Start wird der Regen wieder ärger.

Du kannst das Auto kaum halten. Du siehst zwar: Jetzt kommt ein Bach über die Straße, du kannst dann ganz rechts zum Pistenrand fahren und runterschwimmen, alles mit Tempo 150, und dann, je nachdem wie viel Wasser grade drin ist, erfängst du dich früher oder später, vielleicht noch auf der Bahn, vielleicht in der Wiese, vielleicht in den Leitschienen.

Ich fahre langsam, halte mich aus dem Pulk raus, damit mir keiner reinfährt, finde alles sinnlos. Ich will nicht einmal langsam weiterfahren, selbst beim Langsamfahren kann es dich wegspülen. Ich komme nach der zweiten Runde zur Box, Forghieri beugt sich über mich und fragt, was los sei. Ich fahre nicht, sage ich, weil das Wahnsinn ist, so geht das nicht. Er schlägt blitzartig vor: Wir geben an, du hast Motorschaden. – Nein, sage ich, wenn ich nicht fahre, dann sage ich auch, dass ich nicht fahren will, ich brauche keine Ausrede.

Ich bin überzeugt, dass Forghieri mir damals keine Falle stellen, sondern echt etwas Gutes tun wollte, als er den Vorschlag mit dem Motorschaden machte. Im Endeffekt wäre es verheerend für mich gewesen. Spätestens bei meiner Kündigung – und dann noch sechstausend Mal – hätte ich diese Geschichte serviert bekommen: Wir haben ihn geschützt, den Feigling, und das ist sein Dank …

Ich stehe an der Box und schaue zu. Nach einiger Zeit hört es zu regnen auf. „Bist eing'fahren", denke ich. Vorwürfe mache ich mir nicht, denn die Entscheidung war richtig. Die Möglichkeit der Katastrophe war einfach zu groß. Das Ende des Regens – unvorhersehbar – war mein persönliches Pech, und so empfinde ich auch: Pech gehabt zu haben, nicht: einen Fehler gemacht zu haben.

Wir müssen vorzeitig weg, um unser Flugzeug zu erreichen. Marlene, Forghieri und ich sind im Auto. Wenn Hunt Fünfter oder schlechter wird, bleibe ich Weltmeister. Als wir von der Strecke weggefahren sind, war Hunt in Führung, aber es bahnen sich Reifenwechsel an, alles ist noch drin. Aus dem amerikanischen Sender des Autoradios verstehen wir, dass Hunt zurück-

gefallen ist. Dann kommt keine weitere Meldung über den Grand Prix. Nach einer Viertelstunde meldet sich der Sprecher mit dem Endresultat, und in exakt diesem Moment taucht unser Wagen in die Unterführung vor dem Flughafen, wir können nichts verstehen.

Erst am Airport sagt uns der japanische Ferrari-Importeur Bescheid. Hunt ist Weltmeister. Pech gehabt. Es ist mir in diesem Moment fast egal. Ich kann nicht zum Heulen anfangen, nur weil der Regen aufgehört hat.

Noch am Haneda-Flughafen brachte Lauda ein Telefonat mit dem alten Herrn zuwege. Der sagte aha, jaja, soso, hmm, jaja, addio, er sagte kein Wort der Kritik, gab Niki aber auch nicht die kleinste Hilfe oder den kleinsten Trost. Niki kam noch Jahrzehnte später darauf zu sprechen, wie sehr er sich damals eine menschliche Regung des Alten erhofft hätte. So aber passte es in den diffusen Opportunismus des Chefs. Und der hatte unverändert den alleinigen Durchgriff auf seinen Rennstall, ohne seitlichen Halt für sich selber.

Die Ferrari-Klimakrise, sollte sich herausstellen, war nicht mehr zu reparieren.

James Hunt war Weltmeister 1976, erlebte seinen Gipfel und feierte ihn im Übermaß, das so wunderbar zu ihm passte. Der McLaren des folgenden Jahrgangs war nicht mehr so toll, Hunt rutschte ins Mittelfeld, trat vom Rennsport zurück.

Niki erzählte mir, wie er den alten Freund und Gegner wiedergetroffen hatte. Originalton:

Hunt hat ja mit seinem Körper nach dem Rennfahren alles aufgeführt, was man mit ihm aufführen kann, alles. Ich hab ihn einmal in London getroffen, da ist er mit einem Fahrrad dahergekommen. Hinten einen Patschen, vorn ist er noch grad gefahren, in ein Restaurant auf der King's Road. Angezogen wirklich wie der letzte Straßenbewohner und hat keinen Groschen Geld gehabt. Ich hab ihn zum Essen eingeladen. Er war fertig. Lange Haare, dreckig. Er muss da irgendwie an einem Tiefpunkt seines Lebens gewesen sein. Aber Ende der 80er-Jahre hat er sich komplett gewandelt. Null Alkohol, kein Gift, kein Tschick, plötzlich wie aus dem Ei gepellt. Er war dann Co-Kommentator bei der BBC mit dem berühmten Murray Walker, und die Leute haben ihn geliebt. Für mich war es unglaublich, wie er aus diesem Tief wiederrausgefahren ist und ein 100 Prozent gesundes, fittes Leben gelebt hat. Das hat er vier Jahre lang gemacht, und dann ist er eines Nachts aufgewacht, ihm hat der Brustkorb weh getan, er hat seinen Arzt angerufen, mir tut der Brustkorb weh. Und der hat gesagt, leg dich hin, es ist eh wurscht. Und dann hat er einen Herzinfarkt gehabt und war tot.

IM KREIS FAHREN

Niki ging ins Rennleiterbüro
und rief Marlene an:
Wir sparen ab jetzt Seifenpulver.
Es wird nie wieder einen Overall geben,
der gewaschen werden muss.

Brabham-Alfa Romeo, 1979

ACQUA
LIM
OFF
HP
IGN
ON

ALFA
ROMEO
5

Nicht immer wurden spitze Schnauzen als aerodynamisch wertvoll empfunden. Brabham-Alfa, 1979, Hairpin unter dem Casino-Park in Monaco

B

Bei Ferrari und in der sozusagen italienischen Innenpolitik überwogen die Zweifel, ob Lauda im Jahr nach dem Unfall und der verlorenen Weltmeisterschaft noch Manns genug sei, um 1977 ganz vorn mitzuspielen.

Seinen Kumpel Clay Regazzoni hatte man gleich rausgeschmissen und stattdessen den Argentinier Carlos Reutemann engagiert, Heinz Prüller erinnerte uns öfter daran, dass man ihn den Indianer nannte. Bei Ferrari nahm man an, dass Reutemann eindeutig stärker als Lauda sein würde. Als Aussteigeszenario bot man Niki den Job als Teammanager an, sozusagen Frühpension mit 28. Es war nur lächerlich.

Lauda musste zuerst eine Operation der schrumpelnden Augenlider als Folge des Nürburgring-Feuers hinter sich bringen. Als die gut ausging, meldete er sich in Maranello zurück und war vor allem wütend.

Der Ferrari des neuen Jahrgangs war nicht annähernd so souverän wie zuvor, man musste sich nicht nur mit McLaren (James Hunt), sondern auch mit Lotus (Andretti), Tyrrell (Peterson), Brabham (Watson), Wolf (Scheckter) und Ligier (Laffite) herumschlagen. Ferraris genialer Techniker Forghieri war mit sich selber und anderen zerkracht, der Testbetrieb stotterte. Ein Übermaß an Emotionen überlagerte die Arbeit. Lauda sagte: *Forghieri macht aus jedem Test eine tragische Oper.*

Luca Montezemolo, während der ersten zwei Jahre Nikis ernsthafte Stütze im Team, hatte im Karriere-Lift des Agnelli-Umfelds die nächste Stufe hochfahren und Ferrari verlassen müssen (bis er eines Tages als Präsident wiederkehren würde). Nun wurde auch Daniele Audetto als Teammanager weggelobt, ein braver Diener der Firma namens Nosetto folgte ihm und ging Lauda schrecklich auf die Nerven. Er verfolgte jedermann mit seinem Grün-Tick. In seinem Aberglauben trug Nosetto grüne Bekleidung (bis auf das Team-Outfit immerhin), wenn's ging, von der Kappe bis zu den Schuhen. Am absoluten Tiefpunkt der Scuderia, beim schwedischen Grand Prix, als die beiden Ferrari auf den Startplätzen zwölf und fünfzehn standen, wollte er einen grünen Stofffetzen als Glücksbringer in Laudas Cockpit schmuggeln. Niki saß bereits fix und fertig im Auto, Nosetto beugte sich über ihn, hatte den Fetzen in der Hand und sagte: „Das bringt Glück, damit gewinnst du.“ *Sei froh, dass ich angeschnallt bin, sonst erschlag ich dich.*

Ein verhuschter kleiner Teammanager war natürlich noch der geringste Ärger. Bei Enzo Ferrari kam jetzt bei jeder Gelegenheit die Schuldfrage an der verlorenen Weltmeisterschaft hoch, Nikis Feigheit war immer wieder Thema. Oder sein übertriebener Ehrgeiz: Wär er doch nach dem Unfall länger im Bett geblieben, dann hätte man die Meisterschaft wegen des Unfalls vergeben, quasi „ehrenhaft". Bald kam auch dazu, dass sich Niki mehr ums Fliegen als um Rennen kümmere, ließ Ferrari verkünden. Es wurde immer verkorkster.

Tatsächlich war dies schon ein intensives Fliegerjahr. Lauda hatte bereits die wesentlichen Flugscheine, wurde Partner eines Bedarfsflugunternehmens und hatte dadurch Zugang zu einem kleinen Jet aus der ersten Citation-Generation. Mit Pilot Helmut Kahr, meinem Journalistenfreund Helmut Zwickl, der auch Flieger war, und Marlene ging's zum Rennen nach Long Beach nahe Los Angeles. Die Citation hatte eine Reichweite von 2.200 Kilometern, was sieben Zwischenstopps nötig machte: Glasgow, Reykjavík, Narsarsuaq (Grönland), Sept-Îles (Kanada), Cleveland, Kansas City, Albuquerque. Für die 70er-Jahre war das noch eine ziemlich seltene Performance, danach wusste man: Die Fliegerei würde man dem Niki nie wieder austreiben können. (Ein Jahr später, mit dem Learjet 36, brauchte es nur noch drei Stopps.)

Im Sommer aber passierte das Wunder, dass der Ferrari wieder ordentlich laufen lernte, dass die Konkurrenz eine Menge Fehler machte und dass Lauda zu seiner alten Form auflief. Den Großen Preis von Deutschland gab's zwar nicht mehr auf dem Nürburgring, sondern in Hockenheim, und Lauda gewann. Als der zweite WM-Titel deutlich genug vor Augen stand, kündigte Lauda bei Ferrari, das heißt, er war nicht bereit, den auslaufenden Vertrag zu verlängern.

Inzwischen, mit den frischen Erfolgen, hatte sich beim alten Herrn alles gedreht. Nun wollte er Lauda nicht ziehen lassen, glaubte, alles sei mit Geld zu regeln. Niki war aber, was Ferrari betraf, innerlich längst erfroren. Es war sinnlos, Enzo Ferrari die psychologische Seite erklären zu wollen, er würde sie nie verstehen. Er erinnerte sich nur, Lauda wie einen Sohn behandelt zu haben und nun vom Sohn verraten worden zu sein – „am Gipfel des gemeinsamen Erfolgs". „Undank", „Verrat" kamen wieder ins Spiel, und „Judas, der sich für 30 Stangen Salami verkauft".

Man musste nicht unbedingt Nikis Freund sein, um ihn sehr gut verstehen zu können. Seit dem Nürburgring-Unfall war es bei Ferrari klimatisch nur bergab gegangen, und der Abschied war die einzige logische Konsequenz.

Da alles kreuz und quer lief, kam nie die Stimmung auf, um Niki Laudas zweiten Weltmeistertitel entsprechend zu feiern. Als das Klassement feststand, war Laudas Wechsel zu Brabham längst bekannt. Und es gab auch keine freundlichen Abschiedsworte, keine der beiden Seiten machte den leisesten Versuch von Versöhnlichkeiten, okay, das war nichts Neues bei Transfers in der Formel 1.

Natürlich war auch das höchst persönliche Verhältnis zwischen Lauda und Enzo Ferrari ruiniert. Zum Glück erlebten wir nach angemessener Abkühlfrist noch die Aussöhnung der beiden Großen.

Der Engländer Bernie Ecclestone, Jahrgang 1930, war vier Jahrzehnte lang die wichtigste, beherrschende Figur des ganzen Formel-1-Betriebs. Schon gut zehn Jahre vor seiner großen Rolle war er für Jochen Rindt ein echter Freund und Berater gewesen, er hatte überhaupt eine gute Österreich-Connection.

Ecclestone war seit 1971 Besitzer des Brabham-Teams und hatte mit dem Südafrikaner Gordon Murray einen Techniker geholt, der in seinem Fach auch zu einem der Allzeit-Größten aufsteigen würde. Dass Ecclestone als Rennstallbesitzer auch das gesamte Räderwerk der Formel 1 sukzessive unter seine Kontrolle bringen konnte, ist nach heutigen Maßstäben nicht mehr vorstellbar.

Als Lauda in seinem letzten Ferrari-Jahr mit Ecclestone ins Reden gekommen war, war Bernie mitsamt seinem Team noch nicht ganz oben, aber für einen smarten Beobachter wie Lauda als ein Besonderer erkennbar. Niki liebte Bernies schnelle Gedankengänge, seine angewandte Logik, seinen Witz und seine Hobbys, auch wenn Lauda selber keinen Sinn fürs Kartenspielen und Backgammon (um ziemlich viel Geld) hatte. Er teilte auch nicht Ecclestones Liebe zu Kunst, speziell orientalischen Skulpturen.

Die Verhandlungen um die Gage waren eine Freude für Menschen, die Geld lieben. Hilfreich war, dass sowohl Brabham wie Lauda denselben Sponsor hatten, nämlich Parmalat, wodurch das Spiel eine zweite Ebene bekam. Am Ende war Lauda glücklich und Ecclestone begeistert von der Pokerqualität seines neuen Fahrers. Da die beiden im Ausreizen einander ähnlich waren bis zur Schlitzohrigkeit, verstärkte es die gegenseitige Anziehungskraft, die letztlich als Freundschaft bis zu Nikis Tod hielt.

Brabham war ein professionelles Team ohne innenpolitische Reibungsverluste. John Watson, dann Nelson Piquet waren angenehme Teamkollegen. Der Alfa-Zwölfzylinder war zwar imponierend, aber nicht standfest, und so bleibt von den beiden Jahren nur ein einziger Auftritt in Erinnerung, mit dem Staubsauger beim Grand Prix in Schweden 1978. Es war die Zeit, in der jeder in der Branche wusste, dass das Zeitalter einer völlig neuen Generation von Rennautos bevorstand, aber die praktischen Lösungen waren noch nicht umgesetzt. „Ground Effect“ ist das Schlag-

Bernie Ecclestone war schon mit Jochen Rindt befreundet, dann Laudas Teamchef bei Brabham. Er herrschte Jahrzehnte über das Formel-1-Imperium.

wort für Ausformungen von Karosserie und Unterboden, die allesamt nur dazu dienen, den Anpressdruck, also die Bodenhaftung, zu erhöhen. Brabhams Technikchef Gordon Murray hatte die Idee mit dem Ventilator am Heck, was grundsätzlich erlaubt war, wenn es der Motorkühlung diente, was sich durch die entsprechende Platzierung der Kühler einrichten ließ. Hauptjob des Ventilators war natürlich das Absaugen der Luft unter der Bodenplatte. In der Praxis ergab das ein unangenehmes Fahrverhalten, dafür konnte man in den Kurven jedermann mühelos davonfahren – auch einem Mario Andretti und Ronnie Peterson im überlegenen Lotus.

Ecclestone und Lauda spielten Katz und Maus mit der Situation, heuchelten mit mittelmäßigen Trainingszeiten. Im Rennen versuchte Niki, den Vorsprung nicht zu groß werden zu lassen, und fuhr locker zum Sieg.

Die Sportbehörde musste den Sieg anerkennen, konnte Ventilatoren nur für die Zukunft verbieten. Dort erlebte der Rennsport sehr viel smartere Lösungen, wenn auch nicht zeitgerecht für Laudas Zeit bei Brabham.

Bei der Rückkehr vom Grand Prix aus Monaco 1979 fand er die Küche leicht demoliert vor. Haben sich die Hunde so aufgeführt?, fragte er Marlene. Nein, ich hatte einen Wutanfall.

Der Anfall kam während der TV-Übertragung aus Monaco, als sie den Versuch eines Überholmanövers von Didier Pironi in der Mirabeau-Kurve sah. Der Franzose wollte an Lauda vorbei, ritt dabei am Heck des Brabham auf und verfehlte Laudas Genick um fünfzehn Zentimeter, bevor er in die Leitplanken knallte.

Lauda: *Pironis Manöver war so saublöd, dass man deswegen durchaus in Wut geraten konnte. Das war es aber nicht, warum Marlene die Küche zerlegte.*

Sie war bloß so unendlich wütend, weil sie wieder einmal mitansehen musste, was sie ja seit dem Nürburgring drei Jahre zuvor haargenau wusste: dass Rennfahren idiotisch ist. Alle, die mitmachen, sind Idioten, und ich, mittendrin, spielte eine glänzende Hauptrolle: „Gratuliere!", und ein Küchenkastl war fällig.

Als ich sechs Wochen nach dem Feuerunfall wieder in den Wagen gestiegen war, hatte sie mich nicht daran gehindert, weil sie grundsätzlich jedem Menschen jede Freiheit lässt. Sie hielt den ganzen Rennsport für blöd, unsere Rituale, die Herzlosigkeit und dass man sich zum Krüppel fahren kann. Marlene kriegte nie wieder ein entspanntes Verhältnis zur Rennerei.

Laudas eigenes Verhältnis zur Rennerei blieb von solchen Feinsinnigkeiten unbehelligt. Er war nun dreißig Jahre alt und hatte zwölf Jahre Rennsport überlebt samt rund zwanzig Unfällen, darunter sieben oder acht, an denen man auch zu Tode hätte kommen können. Das aktuelle Auto war eine neue Brabham-Generation, die aber auch nicht toll war. Die Brabhams (also auch mit dem wunderbaren Teamkollegen Nelson Piquet) dümpelten im schlechteren Mittelfeld. Angesagt war, wie zum Hohn, vor allem Ferrari, danach Williams, Ligier, Lotus, Tyrrell, Renault, McLaren, dann erst Brabham und ein paar Nachzügler. Es war allerdings, technisch gesehen, eine unberechenbare Zeit mit kurzzeitigen Ups und Downs, weil die große technische Revolution zum Ground-Effect-Car mit vielen kleinen Schritten (etwa den Schürzen an den Seitenfronten) unterwegs war. Und immerhin hatte Brabham mit Gordon Murray einen Techniker, der ziemlich gut ahnte, wie die Zukunft laufen würde.

In jedem Fall musste der Alfa-Zwölfzylinder ausgemustert werden, zu schwer, zu defektanfällig, und es gab einen Vertrag mit Ford für Cosworth-Triebwerke ab Saisonhälfte 1979. Die Aussicht auf die Motoren hielt Laudas Spannung noch aufrecht. Er gönnte sich kleine Freuden, etwa die Forderung von zwei Millionen Dollar Jahresgage für die kommende Saison, absolut lächerlich aus Bernie Ecclestones Sicht, auch außerhalb der Fantasie von allen Werktätigen in der Formel 1.

In der Summe seiner Eigenschaften, Speed, Routine, Standing, technisches Gespür, war Lauda aber tatsächlich unverzichtbar für ein Team,

Der Ventilator, der als „Staubsauger" zu einer kuriosen Fußnote der Rennsportgeschichte wurde. Mit diesem Brabham-Alfa gewann Lauda den Grand Prix von Schweden 1978.

das sich mit neuem Auto und neuem Motor in Stellung bringen wollte, Ecclestone unterschrieb Nikis Traumgage.

Vor einem Flug von Long Beach nach Las Vegas fischte Ecclestone eine Nachricht aus seinen Mails, Lauda solle die Frau Maier anrufen, das war die Haushälterin in Salzburg. In der Phone Box am Airport hörte er: „An Buam ham S', an Buam ham S'." Der erste Sohn war auf der Welt, er würde Lukas heißen. Niki sagte, dass er happy war, aber die Riesenentfernung habe es halt zu einem abstrakten Ereignis gemacht. Zwei Jahre später, bei Mathias' Ankunft, war er sehr wohl zur Stelle.

Die Stimmung bei Brabham war mit der im letzten Ferrari-Jahr nicht vergleichbar. Es gab keine Ausrede, sich unbehaglich zu fühlen, außer dass es keine ordentlichen Platzierungen gab. Aber das würde sich ja mit dem neuen Motor und dem damit auch veränderten Auto dramatisch ändern, also hatte Niki eine tolle Zeit vor sich.

Wahrscheinlich war Lauda mit seinem Hirn und seinen Emotionen – so genau konnte er es sich selber nicht erklären – schon zu sehr bei der Fliegerei und der frisch gegründeten Lauda Air, außerdem hatte er doch schon hundert Formel-1-Rennen hinter sich, jedenfalls ging ihm plötzlich der Schmäh aus. Hochdeutsch: Ihm wurde deutlich bewusst, wie sehr ihn das alles kalt ließ.

Für eine Romantik des Abschieds vom Zwölfzylinder (nach sieben Jahren mit BRM, Ferrari, Alfa) war Lauda nicht der richtige Typ, aber doch hat er erzählt, wie ihm alles gefallen hatte: das schnelle Hochdrehen, die schrillen Geräusche, die beißende Aggressivität.

Erstes Training zum GP Canada, Montreal, 1979, zugleich Laudas erste Fahrprobe mit dem neuen Brabham, dem neuen V8-Motor.

Ich starte den Cosworth an, ein komisches Gefühl. Ich spüre neuartige Vibrationen im Kreuz, ein unangenehmes Kitzeln. Ein paar Gasstöße beim Rausfahren aus der Box, brrrm, brrrm, das Geräusch ist ganz anders, irgendwie fader und dumpfer, alles fühlt sich langweiliger an, langsamer – keine tolle Sache. Zwölf Zylinder sind durch nichts zu ersetzen, vor allem nicht im Feeling.

Plötzlich geht der Vorhang runter, und ich kann nur noch an eines denken: Du bist fehl am Platz, total fehl, mach was anderes, sofort! Die Gegenstimme in mir sagt: Ruhig bleiben, nur keine Panik, fahr noch ein bissl. Ja, noch ein bissl fahren, das bringt Zeit. Vielleicht solltest du am Auto was verstellen lassen, da kommst du auf andere Gedanken. Ich quäl mich eine Viertelstunde ab, lass dann wirklich an der Box eine Kleinigkeit machen, fahr wieder raus und weiß: ES GEHT NICHT MEHR, aus, Ende, es kann nicht mehr sein. Ich fahre zurück zur Box, steige aus, sage Kupplung entlüften, Bremsen entlüften, gehe zu Bernie: Ich muss mit dir reden.

Ich mag nimmer, will nimmer, kann nimmer. Ich hör auf.

Ecclestone kapierte sofort. Zur Sicherheit fragte er noch, ob da ein anderes Team im Spiel sei, nein. Der heiß erstrittene 2-Millionen-Vertrag war damit selbstverständlich gecancelt. Bernie sagte: Wenn einer aufhören will, muss er es auf der Stelle tun, und man darf ihn nicht daran hindern. „Es ist eine große und gute Entscheidung", dieser Satz von Ecclestone blieb Lauda im Ohr.

Niki ging ins Rennleiterbüro und rief Marlene an: *Wir sparen ab jetzt Seifenpulver. Es wird nie wieder einen Overall geben, der gewaschen werden muss.* Marlene war happy (und wahrscheinlich einen Hauch skeptisch, was das „nie wieder" betraf).

Niki hatte für den späten Nachmittag einen Flug nach Los Angeles gebucht. Obwohl offiziell noch nichts bekannt geworden war, witterten ein paar Journalisten die Sache, spürten Niki im Bonaventure Hotel auf.

Nach ein paar durchaus geduldigen Statements griff Lauda wieder einmal zu einer seiner prägnanten Verkürzungen: *Ich will nicht mehr blöd im Kreis herumfahren.*

Diese prinzipielle Einsicht hatte eine Lebensdauer von gut zwei Jahren, den Spruch schmierte man dem Champion ein Leben lang unter die Nase.

DIE FORMEL 1
1977 BIS 1979

1977 Zehn Podiumsplätze, davon drei Siege – Lauda dominierte seine letzte Ferrari-Saison und fixierte zwei Rennen vor Ende den Titel. In Kanada und Japan trat er nicht mehr an. Die Konstrukteurs-WM gewann Ferrari.

1978 Im ersten Jahr für Brabham landete Lauda entweder unter den Top 3 (sieben Mal, Platz 4 in der WM-Wertung) oder fiel aus (neun Mal). Emotionale Siege in Schweden (Staubsauger-Modell) und Monza (Massenkarambolage, Tod von Ronnie Peterson). Weltmeister wurden Mario Andretti (USA/Lotus) und Lotus.

1979 Lauda erreichte in 13 Rennen nur zwei Mal das Ziel (vier WM-Punkte) und beendete die Saison vorzeitig (kein Start in Kanada und in den USA). Weltmeister wurden Jody Scheckter (RSA, Ferrari) und Ferrari.

FLIEGEN

Was Schulaussteiger halt so sagen:
Das Freiwillige macht
den ganzen Unterschied.

Das gewisse Extra der Pilotenbrille.
Cessna Golden Eagle, 1976

N

Niki Lauda war kein Saint-Exupéry-Leser und keiner, der in der Einsamkeit des Nachtflugs ein meditatives Erlebnis suchte. Nicht einmal Lindbergh interessierte ihn. Ein Gefühl von Fliegerromantik kam noch am ehesten auf, wenn er im Salzburger Fliegerbeisl ein paar Kumpels beim G'scheit-Reden zuhörte. Trotzdem verwendete er gern das Wort Begeisterung, wenn er von seiner Einstellung zum Fliegen sprach. Fliegen war Technik, gelöste Aufgaben, weitergedachtes Autofahren, Zeitgewinn, schnell weg von der Rennstrecke, trotzdem aber immer „Begeisterung" … und bald ein völlig selbstverständliches Tool des Rennbetriebs.

Amerikaner waren schon in den 1950ern mit kleinen Propellermaschinen zu den Rennen in Indy und Daytona gekommen, atemberaubend lässig aus europäischer Sicht. Hier war es in den 60ern losgegangen. Lotus-Konstrukteur Colin Chapman, der immerhin ein Luftfahrttechnik-Studium hinter sich hatte, verbreitete die Seuche in seinem Umfeld. Jochen Rindt hatte übrigens eine zweimotorige Beagle B.206 von einem englischen Händler gekauft, war aber nie glücklich mit der Privatfliegerei geworden. Helmut Zwickl erinnert sich an den Spruch „Ich verkauf den Ofen wieder, der kost' mi a Vermögen."

Was Lauda betraf: Es ging alles sehr schnell. 1974 die erste Idee, ein Jahr später gab's schon die Cessna Golden Eagle zum Lernen neben Hans Kemetinger. Die klandestinen Besuche bei der frisch Geliebten in Ibiza im Sommer 1975 waren ein unschlagbarer Beweis für die Wichtigkeit flexibler Transportwege. In dieser Hinsicht war schon alles klar für den Rest seines Lebens.

Dass ein Mensch, der so ein lausiger Schüler gewesen war und nichts Vorzeigbares zuwege gebracht hatte außer einem 22-Meter-Sprung mit einem zerlemperten Käfer (na ja, vielleicht auch 30 Meter): Dass dieser junge Mann dann im ersten Gesundwerden nach dem Unfall, mit verbrannten Ohren und verschmirgelten Wimpern und brennenden Stellen, wo die transplantierte Haut fehlte, die Theorie für die Flugscheinprüfung paukte und zwei Wochen nach Monza die Prüfung schaffte – dazu braucht's eine rare Art von Talent. Darauf angesprochen, sagte er ungefähr das, was Schulaussteiger halt so sagen: *Das Freiwillige macht den ganzen Unterschied. Ich habe keinen Sinn im Gymnasium gesehen und es deshalb abgelehnt. Fliegen interessierte mich. Als visueller Typ im Lernen bin ich stark, das kam mir zugute. Noch dazu hast du die perfekte Motivation: Je mehr du übers Fliegen weißt, desto sicherer bist du unterwegs.*

Es ging weiterhin unglaublich schnell. Innerhalb von zwei Jahren hatte Lauda den Berufspilotenschein und Zugang zu den smarten Jets, teils als Besitzer oder in Betriebspartnerschaft. Bei allererster Gelegenheit heizte er eine Citation für einen Transatlantik-Flug an, das war zum USA-Grand-Prix in Long Beach 1977. Flugzeit: 23 Stunden, 33 Minuten.

Für die Formel-1-Branche war es ein Statement für eine kommende Lebensart. Enzo Ferrari, wie auch immer seine Nachrichtenwege waren, ließ mitteilen, dass er irritiert sei: Lauda denkt zu viel ans Fliegen und zu wenig an Ferrari. 1978, aber da war Ferrari schon abgehakt, kam Lauda auf hunderttausend Kilometer mit einem Learjet 36.

Irgendwie war es „logisch“, eines seiner Lieblingsworte, dass dieses Gefühl fürs Fliegen irgendwohin weiterführen musste. Es gab ja nicht viel zu überlegen, um auf Lauda Air zu kommen.

Niki ließ es gern geschehen, wenn seine Frau ihn so ausstaffierte: beige Schnürlsamthose mit einem Brandloch, über das Marlene einen Fisch aus blauem Stoff genäht hatte, dazu ein beiger Nicki-Pullover und Sneakers, die von Hannes Rausch individuell bemalt waren. Jedenfalls trug er Schnürlsamthose mit blauem Fisch, als er bei Pete Conrad, dem dritten Mann auf dem Mond und Topmanager von McDonnell Douglas, mit sehr knapper Vorankündigung antanzte. Der dachte an einen kurzen Besuch – besser Treffen – zwischen zwei Masters-of-the-Universe, doch Lauda fragte nach dem Rennen in Montreal: Ich hab vor ein paar Stunden aufgehört. Ich will eine DC-10 kaufen.

Die DC-10 war hinter dem Jumbo von Boeing der größte Flieger auf dem Weltmarkt, für mehr als 300 Passagiere, reiner Größenwahn für eine Airline, die ansonsten gerade zwei müde Propellermaschinen in die Luft brachte (Fokker F-27). Es ging tatsächlich schief, aber mit einem blauen Auge, weil der ganze Markt samt den Ölpreisen verrückt spielte. Die Anzahlung war nur teilweise verloren, der Rest geriet in den Aufwind des Dollarkurses. Die Maschine stand noch fünf Jahre auf dem MD-Gelände in Long Beach herum, vorerst war der Schwanz noch mit der Hälfte des roten Lauda-L bemalt, auf jeder Toilette stand auch die deutsche Version von „Sanitary Bags“: „Speibsackerlbehälter“. Das gehörte zur Witzigkeit der beginnenden 80er-Jahre. Aber nix gegen die 80er-Jahre, grundsätzlich.

Irgendwann wurde die DC-10 an FedEx verkauft und auf Cargo umgebaut. Ungefähr zu dieser Zeit begann die echte Lauda Air abzuheben, zurechtgestutzt auf die Realität, aber fesch herausgebürstet.

WELTMEISTER ZUM DRITTEN MAL

Das Podest in Portugal:

Nein, geheult hab ich nicht.

Wieder Champion: in Estoril
nach dem letzten Rennen des Jahres 1984

MICHELIN
BOSS
PIPER

8

parMalat
SAIMA
BOSS
MEN'S FASHION

Rivalität beherrschte das Leben im McLaren-Team, man ging aber fair miteinander um: Niki Lauda, Alain Prost 1984

G

Geld war nicht der Hauptgrund für ein Comeback, sagt Lauda – wird schon stimmen, wenn er's sagt. Immerhin konnte er ein paar Dollarmillionen ganz gut brauchen, um etliche Schillingmillionen in die mühsam anspringende Lauda Air zu schieben.

Nie wieder blöd im Kreis fahren, das war der Spruch vom Herbst 1979 gewesen. 1982 war alles anders, und wer Niki deswegen häkerln wollte, lief ins Leere. *So what?*

Als Marlene, keineswegs als Erste, davon erfuhr, sagte sie: Du spinnst. Erst als er ihr erklärte, dass man deswegen aus steuerlichen Gründen nach Spanien übersiedeln sollte, erkannte sie auch die positiven Seiten der neuen Rennerei. Dadurch konnten die Buben vorerst in Barcelona und Ibiza aufwachsen, damit war das Spanische in ihnen gefestigt, und dafür sind sie ein Leben lang dankbar.

Ron Dennis gehörte zwar seit der Jochen-Rindt-Zeit zur mobilen Gesellschaft, hatte sich aber erst kürzlich zur Leitfigur durchgeboxt und war nun die bestimmende Größe bei McLaren. Der Rennstall hatte zwar zuletzt abgewirtschaftet, war aber unverändert gut vernetzt und baute sich für einen Restart auf. Man mag Parallelen zur jüngsten Situation von McLaren in der Formel 1 erkennen.

Während Laudas Rennpause waren einige junge Löwen herangewachsen – Villeneuve, Prost, Rosberg, Piquet. Man konnte schwer sagen, was Lauda gegen sie taugen würde. Mit lockerer Selbstverständlichkeit hatte Niki die weitaus höchste Gage im ganzen Verein verlangt und auch bekommen.

Willi Dungl war natürlich begeistert, als er von der neuen Perspektive erfuhr, auch wenn man ihm das mit keiner Regung angemerkt hätte. Aus seiner Sicht würde er ein gebrauchtes Knochengerüst zum großen Service übernehmen, und er würde nicht länger als einen Winter dafür Zeit haben. Überhaupt wundert man sich, wie Niki in seinem vergleichsweise zierlichen Nacken die Muskelkabel unterbrachte, mit denen sich die immer dramatischeren g-Kräfte im Rennsport aushalten ließen. Allerdings hatte Dungl immer die Schaltzentrale in Laudas Hirn gelobt, damit ließe sich Erstaunliches auch am Körper bewerkstelligen. Unsereins hatte nie den Eindruck, dass sich Niki richtig plagte, es passierte eher nebenher. Erst mit der Generation von Senna und Schumacher bekam die Fitness jene Kampfsport-Bedeutung, die sie heute im Racing hat.

Lauda gewann bereits das dritte Rennen der Comeback-Saison 1982 (Long Beach), damit war die Frage erledigt, ob er fit und schnell genug für die neue Zeit sei. Keke Rosberg (Williams) und Nelson Piquet (Brabham) wurden Weltmeister 1982 und 1983. Im McLaren-Team war jeweils John Watson besser platziert als Kollege Lauda. Niki war schon mit der Zukunft beschäftigt, und die hieß Turbo.

Turbo-Technik stand schon länger als Option gegenüber normalen Saugmotoren im Reglement, galt aber als unberechenbar und unzuverlässig, bevor sich Renault mit vollem Einsatz und herzhafter Liebe der Sache widmete und den Durchbruch schaffte (historischer erster Sieg durch Jabouille 1979 im GP Frankreich). Ein handliches Ungetüm war auf der Welt, anderthalb Liter Hubraum. Für sehr kurzfristigen Bedarf (also etwa zwei Runden in der Qualifikation) konnten tausend PS freigemacht werden, und 600 fürs Rennen. BMW (für Brabham), Ferrari, Honda und Alfa Romeo sprangen auf den Turbo-Zug auf. Die Cosworth-Motoren von Ford, Dreiliter-Sauger, sahen alt aus, und McLaren steckte fest mit ihnen.

Es ergab sich ein höchst außerordentliches Netzwerk mit vier Eckpunkten, mittendrin Lauda.

Ron Dennis hatte die Idee, einen Turbomotor bei der denkbar besten Firma entwickeln zu lassen und dafür das Geld aufzutreiben.

Mansour Ojjeh, syrisch-französisch, damals in seinen späten Zwanzigern, hatte Spielraum in der väterlichen Technologiefirma TAG, stellte das Kapital zur Verfügung – zusammen mit unternehmerischer Begeisterung.

Hans Mezger war Technikchef bei Porsche und ein genialer Entwickler. Porsche war nicht bereit, eigenes Geld in das Projekt zu stecken, aber das war auch nicht nötig. Mezger konstruierte in einem knappen Jahr den 1,5-Liter-V6-Motor, der haargenau in die Fantasie eines nächsten Genies passen sollte, das war McLaren-Designer John Barnard. Das mag einem ein bissl viel an Superlativen der außerirdischen Talente vorkommen, aber da ist nichts übertrieben. Dieses Zusammenfinden im Jahr 1982 erzeugte tatsächlich den lautesten Knall zu einer Zeit, als der klassische Rennsport zum weltweiten Business aufstieg. Einige dieser Aufsteiger mochten in Sternschnuppen verglühen, McLaren sicher nicht.

Damit kommt Niki Lauda ins Spiel. Er hatte die Kraft, das Racing-Feeling und auch die Autorität, um in immer neuen Tests die Verknüpfung der Programme in die Renntauglichkeit zu führen. Wahrscheinlich war es im Rundumpaket der beste Niki, den es je gab, mit 34 Jahren.

Für die Saison 1984 sah alles fantastisch aus: McLaren würde das beste Auto ins Feld bringen, und Lauda würde seinen Teamkollegen John Watson im Griff haben (nicht immer, aber im Zweifelsfall doch). Da passierte eine skurrile Affäre im Renault-Team: Der beste Fahrer wurde mit der Frau des Sportchefs erwischt. Das mochte in Frankreich durchaus Charme haben, es hätte aber nicht in einem Staatsbetrieb passieren sollen. Alain Prost wurde gefeuert (in den Chroniken findet man überwiegend eine weniger saftige Version für den Grund der Trennung). Nur noch wenige Verträge fürs kommende Jahr waren offen, darunter der von Watson, der mit Ron Dennis um die Gage pokerte. Ein paar Tage zu lang gepokert, Watson blieb ohne Vertrag übrig, Prost war im Schlussverkauf um wenig Geld zu haben, Dennis stellte ihn neben Lauda ins Team.

Alain Prost, das klang nach viel Mühsal. Statt also in aller Ruhe die Früchte der sorgsam aufgebauten technischen und strategischen Überlegenheit zu genießen und nebenbei einen braven Teamkollegen wie John Watson im Auge zu behalten, musste sich Lauda plötzlich mit dem schnellsten Kerl jener Tage herumschlagen. Niki hätte nicht gern gesagt, dass Prost der bessere Fahrer war. Aber der Franzose war eindeutig der bessere Sprinter, auch der schnellere Mann im Qualifying. Erst im vollen Format eines Rennens waren die Qualitäten der beiden Fahrer ausgeglichen.

Showdown in Estoril. Sechzehntes und letztes Rennen 1984. WM-Stand: Wenn Prost gewinnt, muss Lauda den zweiten Platz schaffen, um Weltmeister zu werden. Selten hatte sich eine WM-Entscheidung so auf das allerletzte Rennen zugespitzt. Noch dazu war es der allererste WM-Lauf für Portugal. Psycho ging um, aber da war keine wirkliche Feindschaft. Ron Dennis und die ganze McLaren-Mannschaft waren total neutral, das war auf angenehme Weise spürbar.

Weniger angenehm spürbar waren die Auswirkungen einer verpatzten Qualifikation: elfter Startplatz für Lauda, zweiter für Prost.

Es gab noch nicht die Luxus-Wagenburgen der Traumwelt, für den Rückzug während des Tages blieb nur der enge McLaren-Wohnwagen zum Herumtigern. Wenn Lauda sich draußen zeigte, war keine Sekunde Ruh', Autogramme, Mikrofone, gewohnte und ungewohnte Journalisten. In der Not, da Lauda kaum was sagte, wurde sogar Willi Dungl, kein klassischer Entertainer, in den Zirkus vereinnahmt. Der „Daily Express" schrieb über schlichte Momente aus dem Training, wobei wir „solemn" im Zusammenhang mit Willi vielleicht lieber mit „ernst" als mit „feierlich" übersetzen wollen:

"When Lauda roared into the pits and stepped out of the car, the solemn little man was waiting with a bowl of muesli, wheat germ, strawberries, honey and a cup of white flower tea. 'Eat', he said. And Lauda ate. 'I'm here in case he needs me', said Dungl. 'Niki is like a part of me. If this guy feels pain, I feel the same pain.'"

Zwei Stunden vor dem Start kam Marlene. Zuletzt war sie vor sechs Jahren bei einem Grand Prix gewesen. Niki wird nachher sagen: *Sie flattert, aber macht mich nicht nervös.*

Prost ist ab der neunten Runde in Führung, Lauda erst einmal Zwölfter. Zu denen, die er überholen wird müssen, gehören Schwergewichte wie Senna, Rosberg, Piquet, Laffite, Arnoux, Johansson, Alboreto, Patrese. Die Zielgerade ist so holprig, dass die Boxentafeln kaum abzulesen sind, Lauda muss mitzählen. Neunter, dann stockt die Partie, Johansson liefert einen tollen Kampf, die TV-Kameras lieben es. Dann ist Lauda vorbei, kriegt noch einen Rempler ab, aber jetzt geht es flott, jede zweite Runde ist ein Auto fällig. Endlich ist er auch an Senna vorbei, glaubt, Zweiter zu sein, das ist alles, was er für die WM braucht. Dabei verbirgt sich Nigel Mansell mit dem Lotus vorne im toten Winkel, wir haben öfter Heinz Prüllers Wiederholung im TV gesehen, den armen Heinz hat's zerrissen. Dann weiß Lauda Bescheid, fightet, wird immer wieder von überrundeten Fahrern aufgehalten, nur Gerhard Berger macht Platz, klar. Mansell wird nervös, verbremst sich, Lauda geht vorbei, ist Zweiter.

Er muss jetzt nur noch ins Ziel kommen. Es fällt ihm auf, dass sein überrundeter Freund Piquet dauernd hinter ihm bleibt, auch bei gedrosseltem Tempo, *irgendwie ist das rührend, als ob er mich notfalls ins Ziel schieben würde. Mein Auto ist süß und lieb und brav, es verlässt mich nicht.*

Sie spielten die Marseillaise für den Tagessieger Alain Prost, dann die österreichische Hymne für den Weltmeister. War es möglich, dass man bei Lauda ein paar Tränen der Rührung entdeckte?

Nein, ich hab nicht geheult. Du musst dir einmal vorstellen, du kommst gestresst aus diesem Auto, es klopft dir jeder auf die Schulter, du wirst wie eine Puppe herumgeschubst, jetzt stell'n s' dich da rauf, der Prost flennt neben dir, weil er die Weltmeisterschaft verloren hat, da hab ich ihm gesagt, du wirst es nächstes Jahr packen, mach dir keine Sorgen, mein Freund. Derweilen spiel'n s' die Bundeshymne. Das Einzige, wo es mich reißt, ist der Reflex aus meiner Erziehung, die Kappe abzunehmen.

Niki hatte für das Folgejahr schon einen mündlichen Vertrag mit Renault, aber die Gewerkschaften sabotierten die Sache: Man könne einem Rennfahrer (vor allem: Nicht-Franzosen) keine Millionen in den Rachen schieben, wenn in den Werken die Arbeiter entlassen werden. Ehrlich gesagt hätte Niki eh nicht zu Renault gepasst, ohne das wirklich erklären zu können, aber die Streber aus unseren Geschichtsstunden denken vielleicht an einen Marie-Antoinette-Effekt.

Also war Lauda noch zu einer abschließenden Saison 1985 bei McLaren gezwungen, gegen den Teamkollegen Alain Prost, der ihm schon fast körperliches Unbehagen verursachte. Trotzdem gingen die beiden Fahrer fair miteinander um, sie konnten sogar blödeln wie in der heilen Welt.

Jetzt drängt sich der Chronist nach vor. Die Grand-Prix-Storys waren bei Helmut Zwickl und Heinz Prüller sowieso besser aufgehoben, ich tourte mit Walter Röhrl und der wilden Truppe durch eine andere Welt. Ich hatte mir nur einziges Rennen im Jahr ausgesucht, um Nikis Fährte nicht zu verlieren: Grand Prix von Holland in Zandvoort. Ich war mit einem Leihauto aus Amsterdam gekommen, Niki würde mich retour in seinem Flieger mitnehmen.

Der Rücktritt zum Saisonende war schon beschlossen. Für Lauda ging es eigentlich nur darum, die letzten sechs Rennen seines Lebens unversehrt abzudienen (Niki: *einen ehrenvollen Abgang bauen, ohne mich noch einmal ins Feuer zu schmeißen*), das hatte ich schon kapiert, aber vielleicht nicht so ganz.

Ich kam am Morgen des Renntags jedenfalls frischfröhlich in den McLaren-Wohnwagen, war voller Begeisterung und sagte ungefähr: Heute g'winnst, Niki, gell, heute packst sie alle.

Aus Laudas Sicht:

Bei dieser maßlosen Naivität ist mir das G'sicht eingeschlafen: Jetzt kennt er mich schon so lang und hat noch immer nichts kapiert von Motivation und Nicht-Motivation, von Gewinnen und Heimfahren. Es war schrecklich störend, seine Begeisterung zu ertragen, es war eine total depperte Einstellung, vor einem solchen Rennen von einem Sieg zu reden. Ich war verärgert und irritiert. Zehnter Startplatz!

Am Start ergibt es sich, dass Piquet einen Hund baut, und ich komm besonders gut weg und bin sofort Fünfter, hab also auf Anhieb fünf Plätze gutgemacht. Kaum komme ich zum Denken, schießt mir der Blödsinn vom Herbert ein: Du gewinnst heut, Niki, gell. Und ich muss dran denken, wie er draußen hockt und ganz geil drauf ist, dass ich jetzt alle niedermach.

Diese Kombination von Superstart und dem Gedanken an die Sieg-Parole löst bei mir plötzlich einen Motivationsschub aus: Jetzt musst angasen, jetzt musst es probieren.

Ich derweil draußen war von den Socken. Ein tolles Rennen, Niki fightete wie in den wilden Tagen, am Ende war es die beste Action der ganzen Saison. Wir gewannen mit zwei Zehntelsekunden vor Prost, Hundertstel gab's noch nicht auf den Grand-Prix-Uhren. Senna wurde Dritter.

Es war Laudas 25. und letzter Grand-Prix-Sieg. Nikis Flieger stand in Amsterdam, und es ist sich noch ein würdiger Abend im Salzamt bei der Ruprechtskirche ausgegangen.

Ab dem Morgen und für die nächsten fünfzehn Jahre hatte Niki nur noch die Lauda Air im Schädel.

DIE RÜCKKEHR

Nach zwei Jahren als Flugunternehmer kehrt Lauda in die F1 zurück: Lauda will die Airline promoten, McLaren braucht einen prominenten Fahrer.

1982 Lauda gewinnt das dritte Rennen nach seinem Comeback (GP USA) und den GP von Großbritannien, beide noch mit Saugmotoren. Platz 5 in der WM-Wertung. Weltmeister: Keke Rosberg (FIN, Williams) und Ferrari.

1983 Aufgeladene Motoren setzen sich durch. McLaren zündet gegen Saisonende den Porsche TAG-Turbo zu spät: Erster Turbo-Champion wird Nelson Piquet (BRA, Brabham-BMW), Ferrari holt den Konstrukteurstitel.

1984 McLaren dominiert die WM (12 Siege in 16 Rennen, Konstrukteurstitel), das Stallduell Lauda gegen Alain Prost (F) entscheidet ein halber Punkt: dritter WM-Titel für Lauda.

1985 Laudas letzter F1-Erfolg (GP der Niederlande, Zandvoort) unterbricht eine quälende Ausfallserie. Weltmeister werden Prost und McLaren.

Nach der Umrüstung von Ford-Saugmotoren auf TAG Turbo im Herbst 1983 wurde McLaren zur stärksten Kraft in der Formel 1.

WILLI DUNGL

An seinem leisen Knurren
könnte unsere Welt genesen.

Machen Sie eine typische Handbewegung.

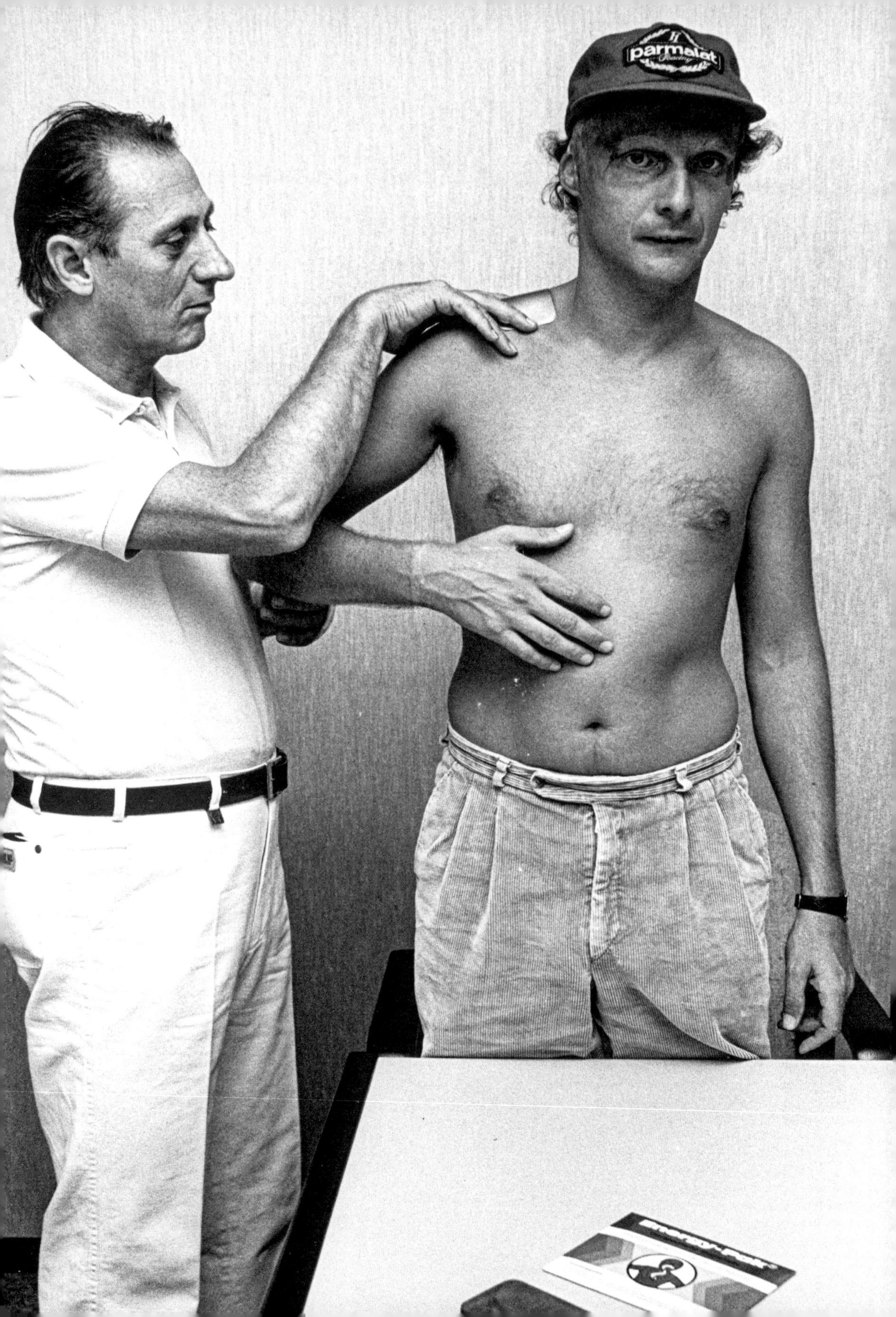
parmalat

A

Als einer, der halbwegs gut Freund war mit Willi Dungl, konnte ich ihn jederzeit anrufen und anraunzen.

„Willi, mir tut das Knie so weh, ich kann nimmer hatschen. Kannst dir's anschauen?"

„Komm in der Früh. Umma viere." Es war sechs am Abend.

„Um vier in der Früh?", stöhnte ich, „wirklich, Willi, im Ernst?"

„Was is' jetzt: Tuat's weh oder net?"

Man war natürlich zur Stelle, bei Stockfinsternis in der Schottengasse. Wenn es mittel ernst war, sagte er, man müsse halt mitkommen, im Morgengrauen nach Gars am Kamp. Und wenn es ganz arg war, schickte er einen sowieso zum Professor Poigenfürst. Dungl kannte sein Feld sehr genau.

Auch dafür liebte man ihn: für seine Schnörkellosigkeit, für seine herbe Freundschaft ohne zeitraubende Verzärtelung.

Niki Lauda, seinerzeit: *Es ist fast unmöglich, mit ihm zu telefonieren. Er ist so unfreundlich am Telefon, dass du nach drei Worten wieder auflegen willst, weil du nicht weißt, wie du weiterreden sollst.*

Natürlich wussten wir das trotzdem: Es entstanden diese winzigen Fernsprech-Dramolette, die wir dann untereinander weitererzählten und ausschmückten. Willi Dungl war am Festnetz ein Visionär, den schon vorauseilend das Handy-Unheil kommender Generationen bekümmerte. Wie köstlich wäre das heute, wenn sie im Wirtshaus, in der U-Bahn, auf der Straße so telefonierten wie weiland Willi Dungl. An diesem leisen Knurren könnten wir und unsere Nachbarschaft genesen.

Bei aller Ernsthaftigkeit für Dungls Lebenswerk werden seine Schützlinge, Patienten und Freunde nicht vergessen: wie der Schmäh g'rennt ist.

Man liebte seine Sprache, ein transdanubiales Wienerisch, seine typische Handbewegung, das war die Art, wie er mit dem rechten Zeigefinger beim Nasenspitzel antupfte (oft, und nach jeder Sprechpause, bevor er anhob, etwas zu sagen). Es war, als hätte er seine Nase gern um fünf Millimeter kürzer gehabt.

Dungl war kein Fitness-Papst, kein Guru, weil die Begriffe längst bis zum Stumpfsinn banalisiert sind. Willi Dungl war alleinstehend.

Die Gesundwerdung Niki Laudas im Sommer von 1976 war der Auslöser zu Dungls Weltkarriere. Ein komplettes Formel-1-Starterfeld wurde von Dungl versorgt, massiert, motiviert, ernährt und aufgemöbelt. Gilles Villeneuve hatte Konzentrationsprobleme, Ayrton Senna tränende Augen, Michael Schumacher die falsche Atemtechnik, Alain Prost hatte Psycho, Gerhard Berger war ein fauler Hund, und John Watson kriegte Hafer ins Müsli, wie ein fades Rennpferd. Von den wirklich Verletzten gar nicht zu reden, etwa Thomas Muster, den in Florida ein Auto über den Haufen gefahren hatte.

Genauso eindrucksvoll war die Art, wie Dungl seine Jünger ausbildete und hinausschickte. Sie hatten die beste Herkunftsadresse in der Welt von Sport und Fitness: „Der kommt vom Dungl."

Heute ist es unabdingbar, dass Physiotherapeuten, Mentalcoaches, Diät-Auskenner hinter jedem Spitzensportler stehen. Dungl war alles in einem, und er war zumindest im Motorsport der Erste, der international wahrgenommen wurde.

Wesentlicher Running Gag unter der Schar seiner Adoranten waren Nachrichten aus dem Dungl'schen Verkehrswesen.

Wo immer Willis Talente lagen, das Autofahren gehörte nicht dazu. Nach etlichen Vorkommnissen, im Freundeskreis zu Legenden ausgewalzt, empfand es jedermann als vernünftig, dass Dungl einen Volvo fuhr, der galt als sicherstes Auto zumindest der 1980er-Jahre. Volvo rechnete es sich zur Ehre an, hin und wieder auf spezielle Qualitäten der Marke hinzuweisen. Eine Presseaussendung zeigte drei Bilder von einem rundum geradezu folkloristisch zerlemperten Wagen, und der Text der Firma Denzel liest sich so:

„Volvo als Lebensretter. Prof. Willi Dungl, Hotelier aus Gars am Kamp und bekannter Heilmasseur von Sport- und Politikerprominenz, geriet auf der Westautobahn infolge eines Gewitterregens ins Schleudern und überschlug sich mit seinem Wagen mehrmals. Obwohl der Wagen in einen Totalschaden verwandelt wurde, entstieg Willi Dungl dem Volvo 960 nahezu unverletzt."

Obwohl Dungl seine eigenen Fähigkeiten als Autofahrer als völlig ausreichend einschätzte, war er dem dauernden Schmähführen von Freunden ausgesetzt. Eine Geschichte, die Lauda lang unter der Tuchent gehalten hat:

Niki, als Unternehmer im Clinch mit der AUA, kehrt gerade aus Miami zurück, mit Grippe, überarbeitet, übermüdet, kommt in seine Wiener Wohnung im Sacher-Haus, erleidet einen Herzanfall, stürzt zu Boden, kann sich nicht rühren. Mit äußerster Mühe robbt er sich ans Telefon, aber wen soll er anrufen? Es war die Zeit des ärgsten Wickels mit der AUA, und den Triumph, dass das rote Kappl auf der Bahre aus dem Sacher-Haus rausgetragen wird, kann er denen nicht einmal in seiner Todesangst gönnen. Also ruft er den Willi Dungl an, aber der ist nicht da. Bittet um Rückruf. Inzwischen, noch am Boden liegend, kritzelt er Hinweise für Marlene, Kontonummern und so weiter, Abschied. Nach Stunden ruft Dungl endlich an. Niki: *Ich hab Herzinfarkt, bitte schaff mich diskret ins Spital.*

Willi gelingt es, ihn *undercover* aus dem Haus und gleich ins AKH zu schaffen, wo auf der Herzstation schon alles vorbereitet ist. Erster Check: Alles in Ordnung. Pumperlgesundes Herz, wie bei der letzten Pilotenuntersuchung. Also kann es nur ein verschobener Wirbel, ein verklemmter Nerv sein, ohnedies die Spezialität des Dungl. Ich bring dich gleich nach Gars, dort kann ich dich ordentlich behandeln, sagt Dungl. Man schleppt den kaum bewegungsfähigen Niki in den Spitalhof des alten AKH zum Auto des Willi.

Wer fährt?, fragt Niki, plötzlich hellwach.

Ich fahr, sagt Dungl.

Da wimmert Niki in seinem Schmerz:

Lass mich fahr'n, Willi.

Zwischen den Rennen in Montreal und Detroit 1985 brachten wir den Learjet nach Tucson zum Service.

Der Satz klingt ganz gut, drum lass ich ihn für die Bad-Hemingway-Competition gleich einmal stehen. Wir, das waren: Niki, sein Copilot Manfred Samhaber, Willi Dungl und ich.

Niki war bereits dreifacher Weltmeister, dies würde die letzte Runde seiner Comeback-Jahre bei McLaren-Porsche sein. Lauda Air war ihm mittlerweile wieder wichtiger als Racing, und der Learjet war sein selbstverständliches Tool für gut hundert Termine im Jahr. Tucson war damals die Heimatbasis von Lear.

Das Service dauerte vier Tage, die wir auf einem Resort (was damals in Arizona noch nicht viel bedeutete: Motel mit Pool) totschlagen mussten.

Diesmal waren die Funktionen umgekehrt: Nicht Dungl kümmerte sich um Lauda, sondern Niki tat sein Bestes, um Willi über die Runden zu helfen. Dungl war für eine Nierentransplantation in Wien vorgemerkt, aber vorerst brauchte er noch Dialysen, die vor vierzig Jahren ein schreckliches Martyrium bedeuten konnten. Der Amerika-Trip würde ihm Ablenkung verschaffen, und ein Dialyse-Termin in Tucson war vereinbart. Es ging ihm unendlich schlecht. Er hatte ja immer das Problem, dass er als Gesundheits-Prophet kein Recht aufs eigene Kranksein hatte.

„Mit 25 oder so hab ich den Zahnarzt nur auf Raten zahlen können, wahrscheinlich hat er mir deshalb einen eitrigen Zahn nicht gleich ge-

Dungl betreute Lauda in der Ferrari-, Brabham- und McLaren-Zeit, bildete aber schon Mitarbeiter aus, die zeitweise das halbe Starterfeld versorgten.

zogen. Jedenfalls ist die Eiterung im Kiefer durchgebrochen. Zwei Monate später habe ich das erste Mal Blut im Harn gehabt. Es hat dann 15 Jahre gedauert. 1978 setz' ich mich nach dem Monza-Grand-Prix ins Auto und denk, mir fehlt der Rückspiegel. Dabei war ich blind am linken Auge. In der Klinik sagen sie mir, tut mir leid, Sie haben Schrumpfnieren, Sie haben noch drei, vier Monate Zeit, da kann man nichts dagegen machen. So habe ich zum Professor gesagt, wenn mir eh nicht zu helfen ist, möchte ich heimgehen."

Er nützte die Chance, die er eigentlich nicht hatte, setzte die Qualitäten, die er fortan predigte, mit letzter Konsequenz am eigenen Körper durch, gewann nach vier Monaten die Sehkraft wieder, weitere drei Monate später rannte er schon Trainingsrunden mit Lauda. Er schaffte es, die Dialyse fünf Jahre hinauszuzögern. Dann eben nimmer. Dialyse in Tucson, und dieser Albtraum des Nachspiels:

„Kurz darauf bin ich transplantiert und viermal nachoperiert worden. Zuvor hatten mir die Amerikaner Geld abgenommen, das kann man sich nicht vorstellen, es war die teuerste Dialyse, die man auf der Welt kriegen kann. Da kommt schon wieder ein Brief aus Tucson, denke ich, das gibt's ja nicht, dass die noch einmal Geld wollen. Zum Glück kann meine Frau nicht Englisch, ich mache den Brief auf, es steht drin: Sie haben bei uns eine Bluttransfusion gehabt, wir müssen Sie darauf aufmerksam machen, dass sie nicht HIV-getestet war, und empfehlen Ihnen dringend, sich HIV-testen zu lassen. Ich rufe sofort in der Klinik an, der Professor sagt: Wir werden den Test nicht unter Ihrem Namen einreichen, stellen Sie sich vor, wenn der Dungl positiv ist, da kann keiner dichthalten – was sich da abspielt. Da ist mir erst bewusst geworden, was da sein kann. Ob du deine Familie in Schwierigkeiten bringen darfst, ob du das ganze Haus in Gars in die Katastrophe jagen kannst. Die HIV-Berührungsängste der Leute! Damals hat man noch 28 Stunden auf das Attest warten müssen. Ich bin auf der Autobahn gefahren und habe einen Brückenpfeiler gesehen und mir gedacht, dass ich auf 15 Millionen versichert bin, die hat man verlangt, damit das Hotel eine Übergangsfinanzierung hat, falls mir was passiert. Solche Gedanken kommen dir.“

Außer dem Horror der Wartezeit war aber nix, uff.

Was Willi Dungl jetzt, wenn er runterschauen tät, am meisten stören würde: dass die Leute vielleicht glauben, dass es eh nix nützt, wenn man so lebt, wie er es gepredigt hat. Mit 64 an Herzinfarkt zu sterben ist zu früh nach allen Maßstäben. Bei einem, der seinen Beruf „Lebenstrainer“ nannte, fällt es halt besonders auf. In Wahrheit hatte Dungl ganz schlechte Karten für ein langes Leben.

Eine Geschichte, die mit Willi Dungls Genius Loci zu tun hat, im Fortgang der Chronik nun aber wirklich nicht weiterhilft, würde ich gern höflich anbieten, einfach, weil sie mir kostbar ist.

Ich glaube, das Bio-Hotel in Gars war noch gar nicht richtig eröffnet, und es war auf jeden Fall die allererste zufällig zustande gekommene Gruppe mit Dungl, sie hatte mit Spitzensport gar nichts zu tun.

Wir waren zwölf oder fünfzehn Leute, zusammengewürfelt. Am Vorabend des Kursbeginns trafen wir einander zum Lockermachen. Ein älterer Mann fiel mir auf wegen seines markanten Gesichts, irgendwie kinskihaft, aber auch wegen des Outfits. Er hatte einen jener lichtgrünen Adidas-Trainingsanzüge, die auch damals schon schiach waren, ein ganz eigentümliches Kleidungsstück.

Am nächsten Tag begann unser Kurs. Es war ein Frühstücksraum für die Gruppe reserviert (das spätere Café), am Eingang war sogar eine Liste mit unseren Namen. Jeder holte sich sein Müsli und Joghurt und hockte sich irgendwo hin. Zufällig hatte sich ein Tisch mit einer sehr jungen Frau und dem grünen Adidas-Träger ergeben, und zufällig hockte ich an einem Tisch nebenan.

Ob ich wollte oder nicht, ich war Zuhörer der Höflichkeiten, die zwei Unbekannte in einer solchen Situation austauschen. Er hatte sie offenbar irgendwas gefragt, und sie war beim Aufzählen ihres Studiums. Dann musste sie wohl aus Höflichkeit gefragt haben: „Und was machen Sie?"

Ich spitzte die Ohren.

Der Mann sagte: „Wissen Sie, das ist nicht leicht zu erklären. Wie soll ich sagen, ich mache … ich bin … ich … es ist so schwer … ich bin …"

Es war zu spüren, dass die junge Dame es eh gar nicht so genau wissen wollte und sich ihrem Frühstück widmete.

Der Mann aber rang weiter um eine Antwort:

„Wie soll ich das erklären? Ich … ich bin …"

Der Dame frühstückte, konnte den Knoten nicht lösen.

Pause, aber irgendwie war zu spüren, dass der Mann seine Antwort zu Ende führen wollte … Pause.

„Ich bin, wie soll ich sagen …", er gab sich wohl einen Ruck, und er sagte, ohne Betonung, fast schon entschuldigend:

„Ich bin der wichtigste lebende Komponist der Welt."

Seine Nachbarin sagte ungefähr: „Aha, soso, toll."

Ich schlich zur Tür, zur Namensliste der Kursteilnehmer. Einer von uns hieß:

Georg (statt György) Ligeti.

Zwar als Banause der zeitgenössischen Musik, aber in tiefer Ehrfurcht erfreute ich mich die nächsten fünf Tage an der Nähe zu Willi Dungl und dem Genie in verwaschenem Grün.

So viel zum Genius Loci, in Gars am Kamp und überall, wo Dungl in der Nähe war.

EIN MONTAG IM MAI

Ferrari 288 GTO.
Wir holten ihn und brachten ihn
über die Berge.
Er war rot und wild und
hatte den üblichen Kofferraum
eines Apachen.

Aller Respekt vor Ferraris Biturbo-V8
aus den 1980er-Jahren

parmalat

Aus der Frontmotor-Klassik wuchs der Vorbote
einer modernen Generation von Supersportwagen.
Ferrari 288 GTO, gebaut 1984/85 in 271 Stück

1

1986. Niki hatte angerufen und gefragt, ob ich Montag Zeit hätte. Wir würden in der Früh mit dem Learjet von Wien nach Bologna fliegen, den GTO übernehmen und damit nach Salzburg raufströmen. Dort wird der Lear wieder auf uns warten, wir können nach Wien fliegen und ordentlich abendessen.

Mir gefiel der kompakte Tagesplan. Ich fragte wegen Mittag. Ich hörte, wie es klickte und knackste. Sandwirt, sagte das Telefon, der Sandwirt müsste sich ausgehen. Der Sandwirt ist bekanntlich in St. Koloman bei Vigaun, wo der Bertl Wimmer lebt. Vorerst würde er mit uns nach Bologna fliegen. Für Bologna–Salzburg hatten wir einen zusätzlichen Piloten dabei.

Cappuccino am Flughafen Bologna. Sante Ghedini ist da. Man erinnert sich, er war eine Art von Nikis Allround-Mann schon zur aktiven Ferrari-Zeit, dann bei Brabham. Jedenfalls ist Ghedini übers Jahrzehnt Laudas Mann geblieben. Dem Zug der Zeit folgend, war er jetzt unser Hubschrauberpilot.

Wir verabschiedeten uns von Bertl. Halb drei beim Sandwirt, schätzte Niki.

Bertl, der kein Frischgefangter ist, wiegte sein Haupt. In seinem Hirn lief unterdes der Film mit dem Ferrari: Bologna–Reggio – zurück über Modena nach Bologna–Ferrara–Padua–Mestre–Portogruaro–Palmanova–Udine–Tarvis–Katschberg–Tauern–Golling–St. Koloman. Am Ende des Films sagte Bertl: Ich glaub, ihr werd's a bisserl länger brauchen. Also: Dreiviertel drei, und wir wünschten ihm guten Flug.

Sante Ghedini packte Niki und mich in einen Agusta-Hubschrauber, der mir deshalb sympathisch war, weil er Radln hatte. Ich bringe solche Vorstellungen in meinem Weltbild unter: Wenn's ihn runterprackt, federt er sich an den Radln ab.

Obwohl wir einen Ferrari abzuholen hatten, flog uns Ghedini weder nach Modena noch nach Maranello. Er lenkte den Heli zwar richtigerweise nach Nordwest, aber über die geheiligten Stätten hinaus. Reggio Emilia. Wir landeten auf einem offensichtlich stillgelegten, dennoch bewachten Flugplatz. Der Chopper radelte zu einem Hangar. Die Rollbalken waren runtergelassen. Drinnen, so viel ahnte Niki, so viel ahnte auch ich, würde ein Ferrari stehen. Wahrscheinlich ein roter.

1985 machte Niki einen Public-Relations-Job für Fiat, der eine Serie von Fiat-Uno-Turbo-Rennen einschloss. Ein Starterfeld von ausgewählt glücklichen und tüchtigen Privatmenschen würde gegen Weltmeister Lauda antreten können. Das war ihm gewiss ein Herzensbedürfnis: Lauda gegen alle.

Im ersten Rennen, in Rio, wurde Niki ehrenvoller Zweiter. Die weiteren Rennen fanden aus irgendwelchen Gründen nicht mehr statt, aber die Frage des Honorars blieb dennoch offen.

Niki sagte ungefähr: *Ihr wisst, ich mache mir nichts aus Geld.* Da nickten sie alle und sagten: Klar, das wissen wir. Dennoch blieb ihnen das Gefühl, dass es eine nette Höflichkeit wäre, mit einem Kleinod eine verspielte Geste zu setzen. Sie kamen auf einen Testarossa.

Niki fand das gut, hatte aber noch eine Anregung im Sinne von Wenn-schon-denn-schon. Wenn du dich so hochgestrampelt hast wie er, kriegst du irgendwann eine feine Nase für Arme-Leute-Geruch. Testarossa, da ziehen Wölkchen von stark gekochtem Kohl durchs Stiegenhaus.

Also GTO. Korrekt 288 GTO, zur Unterscheidung vom 250 GTO aus der Urzeit.

Die 200 Stück GTO, die 1984 und 1985 gebaut wurden, allesamt rot und geil und karg im Detail, wurden nicht verschleudert wie irgendwelche Ferraris. Sie wurden grundsätzlich nur VIPs und verdienten Kunden angeboten, wobei man sich unter einem „verdienten Ferrari-Kunden" die Inkarnation eines Geldscheißers vorstellen mag. Umso schlimmer, wenn einer nicht auf der Liste stand.

Pech im Geschäft?

Unglückliche Händel?

Magere Spannen?

Geht's nicht mehr so gut?

Armut ausgebrochen?

Der Druck empörter Ferrari-Freunde, die trotz ihrer Vorzüge von der Liste der 200 ausgesperrt blieben, bewirkte, dass 70 weitere Exemplare gebaut wurden, nachträglich noch ein Stück für Lauda.

Der zweihunderteinundsiebzigste und mithin letzte Ferrari GTO der Weltgeschichte lauerte hinter dem Rollbalken. Die Sache fand deshalb im Hangar und mit Hubschrauber und Geheimhaltung statt, weil die Kosten ein bisserl verteilt worden waren. Das ist zwar nicht ganz so elegant wie eine große Übergabe in Maranello, mit vielen Wangenküssen, aber dafür exklusiv. Ein italienisches Magazin, das sowohl als Zeitschrift als auch in Video erscheint, hatte das Copyright der Übergabe erworben. Quasi:

Niki Lauda sieht mit glänzenden Augen zum ersten Mal seinen Ferrari GTO. – Ein Traum wird wahr. – Niki, sind Sie gerührt? – *Uhuhuhuhuhu.*

Als wir auf der Autostrada über das hitzige Klima der Liebhaberpreise redeten, missfiel mir ein sonniger Ausdruck in Nikis Gesicht.

Niki, du wirst doch nicht …

– – –

Niki!

Nein, sprach er milde, *den behalt ich mir. Ewig.*

Dann ging wieder die Sonne über sein Gesicht. *Was glaubst, was der in zwanzig Jahren wert ist!*

Der Wagen war zwar hinreichend eingefahren, wir hatten dennoch die Empfehlung gekriegt, vorerst nicht über 7.000 zu drehen. Das sind 280 am Tacho, und es reicht fürs Weiterkommen.

Trotz dieser Zurückhaltung (erst bei 7.800 kommt der Zeiger ins Rote) war die Unterhaltung etwas erschwert, obwohl unsere Ohren mindestens acht Zentimeter von den rotlackierten Luftsammlern des Motors entfernt lagen. Also sprach ich etwas lauter.

Was verbindest du mit dem alten Begriff GTO aus der Urzeit?

Jochen Rindt, sagte Niki, *und Le Mans, und überhaupt, die ganze Wixerei.*

„Rindt“ ist falsch, „Le Mans“ ist richtig, und „die ganze Wixerei“ stimmt perfekt.

Der 250 GTO gilt deshalb als Samenkorn einer besonders farbenprächtigen Ferrari-Legende, weil er zum denkbar spätesten Zeitpunkt (1962 bis 1964) noch einmal die edelsten Tugenden dessen zusammenrief, was Fachleute als „die ganze Wixerei“ bezeichnen mögen.

Er war klassisch im Sinn von „Motor vorn / Rest hinten“ (immerhin hatte die Mittelmotor-Ära schon begonnen). Er war schlitzohrig bis dorthinaus. Der Rahmen der Sportbehörde wurde ausgereizt und verbogen. Es mussten nur vierzig Stück gebaut werden, um ins Regelwerk zu passen. Damit gewann Ferrari drei Jahre hintereinander die GT-Weltmeisterschaft, 1962 bis 1964, hauptsächlich gegen Aston Martin, Jaguar und die aufkommenden Shelby-Cobras. Härtester Gegner eines GTO war fast immer ein anderer GTO. Es waren talentierte Jungs dabei. Alphabetische Auslese: Amon, Bandini, Bianchi, Bonnier, Gendebien, Ginther, Graham Hill, Phil Hill, Ireland, Mairesse, Parkes, Penske, Rodríguez, Schlesser, Siffert, Stewart, Surtees, Vaccarella.

Somit bleibt GTO das letzte Symbol für ein Siegerauto, das sich dennoch auf freier Straße fahren lässt. Die neue Rasse der Mittelmotor-Racer hat auch gar nicht mehr versucht, den Geist der Gran Turismo in ihre Lufttrichter zu saugen.

Es dauerte zwanzig Jahre, bis sich wieder ein Ferrari mit den Buchstaben GTO zu schmücken wagte, vergleichbar mit dem Wiederaufleben von Testa Rossa (nun als Testarossa).

Ich erwähnte vorhin, dass wir ein forciertes Reisetempo einschlugen, soweit der (sehr dünne) Verkehr es erlaubte. Auf 200 bist du in so lächerlich kurzer Zeit, dass du es kaum wahrnimmst, du legst auch dort, wo es bei anderen guten Autos schon ein bisserl zäh wird, bei 220 und 240, noch leichtfüßig zu. Wirklich: leichtfüßig. Bei Tacho-260 beginnt das Gefühl, flott zu sein, und 280 sind himmlisch, obwohl wir alle schon große Buben sind und wissen, dass man nicht so kindisch sein soll.

Von den Windgeräuschen her ist es bei Tacho-280 im GTO möglicherweise so still wie in einer geräumigen Kathedrale. Bloß: Man hört den Motor.

Als Schreiber ist man an dieser Stelle zu einem Wortbild verpflichtet, das Ihnen alle Urgewalt, Dröhnkraft, Nuancierung und Musikalität eines 400-PS-Ferrari nahebringt. Wegen der beiden Turbos ist die Sache kompliziert, man muss sich das so vorstellen: Indianer von links, Indianer von rechts, dazwischen siebentausend fliehende Büffel, hintendran sechzehn Coyoten, die hecheln und pfeifen. Der Rest geht im Lärm unter.

Es ist schön, mit Niki zu reisen. An jeder Mautstelle finden sich Freunde, Freunde seit langer Zeit, und Tanken wird zu einem ländlichen Fest. Kein Italiener, der nicht zuckt und den's nicht reißt, wenn er Niki sieht.

Trotzdem: Hundertzehntausend macht die Rechnung an der Tankstelle aus. Es sind nur Lire, Niki.

Auch die Umrechnung macht ihn nachdenklich: So viel hat er noch nie für eine Tankfüllung bezahlt. Niki ist ein Verbrauch-Fetischist. Bei seinen diversen Autos, die jetzt nur noch BMW heißen, schaut er dauernd am Bordcomputer nach, wie er im Schnitt liegt. Es gab schon Überholmanöver, die er sich verkniffen hat, weil er Angst hatte, der Schnitt würde beim Beschleunigen um einen Zehntelpunkt raufspringen. So besehen, sollte er eigentlich nicht Ferrari fahren.

Irgendwann, vielleicht nach drei Stunden, bekamen wir das Gefühl, dies sei ein besonders nettes Auto. Wir hatten uns an alles gewöhnt, waren jetzt eingegossen in den schlanken Sitzen, hielten den Nacken genügend locker, um die kurzen Schläge zärtlich abzufedern, und hatten sauber durchgeputzte Gehörgänge, die uns wach machten für neue Nuancen im Pfeifen der Coyoten. Wir fingen an, die unglaubliche Hoffart des GTO zu verstehen.

„Cherie, willst du nach Venedig fahren? Du kannst dir ruhig noch fünf Minuten Zeit

lassen."

„Aber ich muss erst packen."

„Du hast schon gepackt, mein Liebes."

Mit dem Ferrari GTO hast du immer gepackt, dies wird dich zu einem geradlinigen Menschen erziehen. Was solltest du auch wirklich in die kleine Schale über dem Notrad legen? Vielleicht ein Hemderl und ein Hoserl.

Auch drinnen hört sich das Fummeln auf, das Kramen und Suchen und Hinlegen und Hernehmen. Handschuhfach: null. Ablage: null. Ein Auto ist zum Fahren da, nicht zum Schisteln, lässt Enzo ausrichten.

Endgültige Instrumente, nicht mehr und nicht weniger. Keine Uhr, Freunde. Wozu eine Uhr, würde der alte Herr sagen, Sie werden zurechtkommen.

Wir näherten uns der schönsten Gegend der Welt, und der Ferrari roch die gute Erde und fing an, die Kurven abzuschmusen. Kaum Verkehr, zumindest hat uns keiner überholt. Niki fuhr so, wie er halt fährt, wenn er gut fährt: ganz exakt und faszinierend schnell, mit sauberen Schwüngen, ohne was herzuschenken. Kurven, die du auf 120 schätzen würdest, haben sich plötzlich für 180 hingelegt und dargeboten, und der Rote hat sie begeistert inhaliert. Es gibt keine Korrekturen, jede Linie sitzt, aber es kommt unheimlich viel ans Lenkrad durch, Niki muss ordentlich zupacken.

Merkst, wie der Hundling arbeit'?, schreit Niki rüber.

Arbeiten, das heißt: Das Lenkrad stenografiert den vollen Text des Straßenzustandsberichts. Die Walzen – vorn 225er, hinten 265er – wollen jeder Falte und Rippe nachrennen; jede Frostbeule erklimmen sie theatralisch und stürzen sich von dort ins Tal, und das alles müssen sie unbedingt dem Chef melden.

Wir nähern uns einem Tempo, wo selbst der GTO zu wandern beginnt.

Merkst, wie er hinten wegwill?, schreit der Champ.

Uaaaa.

Irgendwann hat dann alles gestimmt und zusammengepasst, das Licht und die Berge, die Fahrbahn und die Kurven, das Brüllen und Pfeifen, die Schönheit dieses Autos und die Brillanz des Mannes, der es steuerte.

Die Tatsache, dass Niki – nach einer skeptischen Aufwärmzeit von, sagen wir: drei Stunden – sich tatsächlich begeistern konnte und dass der Funken, den wir alle mit dem Namen Ferrari verbinden, wirklich übergesprungen war, machte uns fröhlich.

Es ist dreiviertel drei, und wir sind beim Sandwirt. Niki streicht argwöhnisch ums Auto, macht den Motorraum auf. Es spricht der Experte: *Alle diese exotischen Schüsseln haben Ölaustritt. Die sind immer feucht, wennst ordentlich g'fahren bist.*

Unendlich befriedigt, grinsend: *Der net. Der ist trocken.*

Wunderbare Salate werden aufgetragen, und Schnitzel. Bertl ist natürlich da. Es folgt eine tiefe Konversation mit dem Weltmeister, der allerdings auch die Aufgabe vorfindet, Rohkost und Salatblattln in den Mund zu schieben, daher knappe Formulierungen vorzieht.

Wie ist er?

A Geschwür.

Klass zum Fahren?

Richtig geil.

Wie geht er?

Wie die Sau.

Wie liegt er?

A Wahnsinn.

Was seids g'fahren?

Zwa-achtzig.

Aber er geht doch dreihundert, oder?

Locker.

Wir fuhren dann einen Stausee entlang und über die Berge, eine normale, kleine Straße, wo man endlich zum Schalten kam. Das Bremsen ist zumindest genauso irr, wie wenn der Hammer kommt. Und dieses Gebrüll!

Niki geigte. Es war schön.

Wir fuhren zu Nikis Haus nach Hof. Laudas haben eine schöne Garage, fast schon ein Atelier, ins Haus integriert. Man sieht hinein, wenn man die Treppe von der Wohnebene runterkommt. Das ist natürlich nicht schwach: Du kommst runter, und jedes Mal lacht dich ein Ferrari an, sündhaft schön und stolz und rot wie irgendwas.

Salzburg–Wien mit dem Learjet. Wir fuhren zum „Argentina" in der Bäckerstraße. Wir waren schon beim Essen, als unser Freund Hannes auftauchte. Begrüßung.

Was habts denn gmacht?

Ferrari gholt. Den GTO.

Super! Woow! Wie is' er denn?
Niki aß den berühmten Salat des Hauses, mit warmen Pilzen.
A Geschwür.
Klass zum Fahren?
Richtig geil.
Wie geht er?
Wie die …, undsoweiter.

Der Wagen kostete netto ab Werk etwa 1,5 Millionen Schilling. Lauda hatte nicht das Herz, den österreichischen Zoll zu zahlen, und ließ den GTO daher unangemeldet in der Garage stehen. Wie vorhin gesagt, benutzte kein Mensch den Haupteingang, sondern kam gleich vorn durch die freundliche Garage herein. Dass die Kinder dabei jeweils automatisch den GTO abtappten (so rot, so lockend), machte Niki so narrisch, dass er den Wagen nach zwei Jahren an einen Vorarlberger verkaufte, nur minimal über dem Listenpreis. Ein paar Wochen später, im August 1988, starb Enzo Ferrari, und weltweit ging eine beispiellose Hausse von Ferrari-Preisen los. Der GTO war plötzlich das Mehrfache wert, und als der Markt noch hysterischer wurde, hätte man in Japan für einen GTO mit Geschichte („ex Niki Lauda") vielleicht das Zwanzigfache erzielt. Niki litt stumm und schweigend, und er wollte nicht drüber reden.

Solang man sich nicht blöd aufführt, fährt er sich eh manierlich.
Kurze Erfahrung des Chronisten Herbert Völker mit Ferrari

GTO 288:
MILLION MIT DREI BUCHSTABEN

Der GTO 288 (GTO steht für Gran Turismo Omologato) war Ferraris Reminiszenz an das erfolgreiche Modell 250 GTO aus den Jahren 1962 bis 1964. Gebaut wurde der GTO 288 in den Jahren 1984/1985 mit dem Ziel, in der damaligen Gruppe B in den Rallyesport einzusteigen. Optisch ähnelte er einem gestreckten Typ 308, unter der Außenhaut aus in der Formel 1 verwendetem Kunststoff steckte jedoch ein neues Auto mit Rohrrahmen und aufgeladenem (zwei Turbos) 2,8-Liter-V8-Motor.

Der 288 GTO war Ferraris erster Straßensportwagen, der das sonst für die Rennwagen reservierte Cavallino Rampante auf den Kotflügeln trug. Sein Wert hat sich im Lauf der Jahre mehr als verzehnfacht (aktuell rund drei Millionen Euro), blieb aber weit hinter seinem Urahn zurück. Der teuerste 250 GTO (alle 36 gebauten Exemplare sind noch erhalten), wechselte um rund 70 Millionen Dollar den Besitzer.

Den 250 GTO mit der Chassisnummer 3505GT kaufte im Winter 1962/63 Schauspieler und Rennfahrer Gunther Philipp (vom UDT-Laystall-Team von Stirling Moss) und wurde damit 1963 österreichischer Staatsmeister. Die Manieren des Wagens beschrieb Philipp dem Journalisten Helmut Zwickl damals so: „Das Fahrverhalten ist im Straßenverkehr äußerst unerfreulich …" Aber: „… man ist auch diesseits der Rutschgrenze so schnell dran, dass selbst ein Renn-Amateur wie ich was gewinnen kann."

LAUDA AIR

Eine trotzige Geschichte
von himmelstürmender Begeisterung.

Jahre des Aufstiegs. 1988 kam die zweite Boeing 737-300 zur Airline. Niki hatte als Captain die Ratings für alle Typen seiner Flotte.

Parmalat
John Lennon

D

Der große Plan für einen prächtigen neuen Planeten, der schließlich nur Lauda Air heißen konnte, stammte noch aus der Ferrari-Zeit und war vorwiegend zwischen Niki und dem Kumpel Hannes Rausch hin und her geschoben worden. Eine Airline war in Laudas Logik das Weiterdenken einer Sache, die ihm Freude machte.

Nach der harten Landung der ersten Himmelstürmerei, der spontanen DC-10-Option von 1979, blieb immerhin die Minimalversion aller Fantasien am Leben, in Form der beiden 44-sitzigen Fokker F-27 mit Charter-Lizenz. Die hatten zwei unübersehbare Nachteile: Propeller.

Es gab sofort Rempeleien mit der AUA, die als „Staatsairline" jedes noch so kleine Signal eines liberalen Luftmarkts bekämpfte. Die Quengelei mit Behörden wurde deprimierend, Banken wurden unruhig, Niki sollte wieder ein paar Schilling-Millionen nachschießen.

Niki gewann zwischendurch den Grand Prix der USA (sein erster Sieg auf McLaren), damit alles hübsch auf Kurs blieb. Es war nie wirklich klar, wie wichtig die Fokker-Krise als Impuls für Laudas Comeback als Rennfahrer und Großverdiener war.

Um die Chance auf späteres Durchstarten zu bewahren, durfte man jedenfalls kein Geld mehr mit den beiden schwer verkäuflichen Propellermaschinen verlieren. Die Fokker F-27 wurden nach Ägypten verleast, samt Flugbetrieb durch Lauda Air. Niki kramte noch Jahrzehnte später ein Erlebnis aus jener Zeit hervor, das, wie er sagt, sein Geschäftsleben geprägt habe:

Einige der sechs Piloten, die den Job in Kairo machten, kamen ins Büro und verlangten Zulagen für den Schuhverschleiß in Ägypten. Es sei so staubig da unten, da würden die Schuhe nicht so lang halten wie in Europa. Niki erinnerte sich, dass er gesagt habe: *Entweder ihr fliegts da unten, egal mit welchen Schuhen, oder ihr könnts mi vergessen* – was immer das im Ernstfall bedeutet hätte. Für die nächsten paar Jahre war damit Laudas Verhandlungsspielraum umrissen, was alles betraf, was Geld kostete. Angeblich liebten ihn sogar viele seiner Leute (am Ende waren es immerhin 1.200) für den Verzicht auf Herumdruckserei im Beschwichtigungsgespräch. So war ein Firmenstil erkennbar geworden, wenn man es freundlich auslegen will.

Die Abwehraktionen der AUA gegen das noch so mickrige Pflänzchen eines liberalen Luftmarkts hatten zu soliden öffentlich geführten Feindschaften geführt, deren Folgen aus dem Verkehrsministerium durchaus bis zum Bundeskanzler gelangten. Wenn auch der Wortlaut nirgendwo protokolliert ist, kam von Dr. Kreisky sinngemäß der Spruch: „Österreich hat schon den Professor Porsche vertrieben, ich möcht' nicht auch den Herrn Lauda verlieren."

Lauda war Kreiskys Wunschpilot, wenn es um Geschäftsreisen mit einer Falcon 20 ging, da ließ sich einiges ausbügeln, was die Beamtenpolitik ausgeheckt hatte. Im schlimmsten aller Fälle hatte Niki spitzgekriegt, dass der Lauda Air in einer Nacht-und-Nebel-Aktion vom Verkehrsministerium die Betriebserlaubnis entzogen werden sollte. Damit wären die beiden Fokker in Ägypten gestrandet, daran wäre wohl die ganze Firma erstickt. Es war Urlaubszeit, Kreisky war auf Mallorca, Niki flog hinunter, wurde sofort empfangen, und übers Mittelmeer war ein lautes Brummen zu hören: Seine Herren mögen doch den Murks in Ordnung bringen. Murks soll er wirklich gesagt haben.

1983 war Kreiskys letztes Jahr als Bundeskanzler.

Rettung kam aus ganz anderer Richtung: Niki Lauda wurde 1984 noch einmal Weltmeister, was sich in Österreich durchaus auch in der Flugtouristik auswirkte.

Nikis dritter Weltmeistertitel (mit McLaren-Porsche) hatte noch mehr öffentliche Wirkung als die beiden Titel mit Ferrari, der dreifache Niki war, um es in der Diktion jener Jahre zu sagen: der Stolz der Nation.

Ferienfliegen begann in den 1980er-Jahren zu boomen (wobei sich noch kein Mensch vorstellen konnte, wie ein wirklicher Boom einmal aussehen würde). Lauda hatte den quirligen Veranstalter Basile Varvaressos an der Seite und stellte sich für das neue Geschäft auf. Mit zeitgemäßem Fluggerät konnte man nun auch eine neue „Kultur" herzeigen, die in den Schädeln von Niki Lauda und Hannes Rausch schon seit sechs oder sieben Jahren herumgewälzt wurde. Es wurde jenes Verständnis für Design und Ästhetik geschaffen, das in den Lauda-Fliegern, den Uniformen, den Sitzen, den Farben, der Grafik, dem Geschirr, der Bordverpflegung einen Maßstab gesetzt hat, der vieles darstellte, was unsere Erinnerung heute mit den positiven Seiten der Fliegerei verbindet. Auch emotional: Der fröhliche Spirit der Flower-Power aus den amerikanischen Siebzigern war in familienfreundlichen Packungen in die Achtziger überführt worden.

Die Stewardessen, ganz allgemein, waren in einer behutsamen Neuinterpretation des Jobs zu Flugbegleiterinnen aufgestiegen, wurden aber noch in bester Machomanier ausgewählt. Nach Inseraten im „Kurier" nominierte Lauda die ersten zwölf Damen persönlich, das war noch zur Fokker-Zeit, später wurde auch Attila Dogudan zu einem wesentlichen Experten. Die wichtigsten Voraussetzungen für eine Berufung waren: jung, hübsch, frei, schlank, mit einem gewissen Extra. Es wurde sofort klargemacht, dass mit 36 Jahren Schluss sein würde. Aus damaliger Sicht war damit ausreichend Gelegenheit, von einem feschen erfolgreichen Mann angesprochen zu werden, hoffentlich in der Business Class, die hier Amadeus hieß.

Man darf das alles ein bissl inkorrekt finden, Tatsache ist allerdings, dass die Lauda-Air-Damen sich tatsächlich ein Flair schafften, das einen bemerkenswerten Unterschied zu den etablierten Airlines ausmachte. Die Jeans waren damals noch eine mutige Ansage für Bordpersonal, und die Damen sahen wirklich gut aus. Erst im ungefähr zwölften Jahr kam der Betriebsrat zu Lauda und forderte die Abschaffung der Jeans, „weil die kratzen an Stellen, wo sich die Damen rasieren“. Niki erzählte das gern als Beispiel für die Banalisierung des Außergewöhnlichen (das waren allemal die Jeans für die Crew), auch wenn er andere Worte dafür wählte.

Attila Dogudan brachte eine andere Art von Essen, sagen wir ruhig: Tischkultur in die Kabine. Man wird nicht in Verdacht geraten, Reklame für eine Marke zu machen, die heute eh längst Weltmarktführer mit 14.000 Mitarbeitern ist. Lauda Air war die Aufwärmübung für das, was Do & Co in den nächsten Jahrzehnten auf den Weg brachte, und es traf zusammen mit diesem Gefühl, dass Fliegen zum angenehmsten Teil einer Reise gehören kann.

Kein Zufall auch, dass Lauda Air bei den weltweit ersten Airlines mit Rauchverbot dabei war. Heute wird uns allein bei dem Gedanken schlecht, dass der Flieger qualmt und stinkt – bis Mitte der 1980er pure Gewohnheit, auch wenn's weh tat.

Der Erfolg beschleunigte den Aufstieg zum Linienflug, bald auch zu Großraumfliegern, mit denen sich Nikis allererstes Traumziel anfliegen ließ, das war Sydney.

Die auf „Mozart“ getaufte 767-300 der Lauda Air stürzte am 26. Mai 1991 auf dem Flug von Bangkok nach Wien im Westen Thailands ab. Alle 213 Passagiere und zehn Besatzungsmitglieder kamen dabei ums Leben.

Schock und Bestürzung waren gewaltig. Die Trauer rund um die Tragödie gehört auch heute zum Gedächtnis des Landes und vieler Familien auf der Welt.

Im Hirn eines Laien dürfen Assoziationen zur Notwasserung eines Airbus mit Captain Sullenberger auf dem Hudson River 2009 erlaubt sein, auch wenn natürlich von einer Parallele keine Rede sein kann –

in einem Fall der wundersam glückliche Ausgang, im anderen Fall die Katastrophe. Der gemeinsame rote Faden: Kraft und Fachwissen eines einzelnen Menschen konnten die fix verankerten Berechnungsgrößen von Hersteller oder Behörden als falsch beweisen. Im Fall der Notwasserung ging es um den „menschlichen Faktor" bei der Reaktionszeit, was sich in den Wiederholungen des Sully-Films super darstellen ließ. Bei Lauda war es über Wochen um das Beiseiteräumen von Hindernissen bei Boeing gegangen, bis die richtigen Parameter für das Nachstellen der Situation eingegeben werden konnten. Ab einer gewissen Geschwindigkeit (mit der das vorher nie erprobt worden war) war das ungewollte Ausfahren der Schubumkehr nicht mehr beherrschbar, somit eine tödliche Gefahr für alle Flieger der Baureihe.

Noch im Juni dürften die Boing-internen Tests ergeben haben, dass am Schubumkehrsystem grundsätzlich etwas faul war. Lauda, mit seiner Kompetenz als Captain und Airline-Chef, verschaffte sich den Zugang in die innere Zone der Boeing-Untersuchung und saß selbst am Simulator, als sich der Flieger bei jedem Anlauf der Situation blitzartig aufs Kreuz warf.

In der automatischen Nähe zu Niki führte ich mit ihm gemeinsam eine Chronik jenes Sommers 1991, ackerte durch die Drafts des Investigation Committee, häufte erstaunliches Wissen über die Tücken von „solenoid valves" an und erforschte zwischendurch den Zustand von Seele und Gemüt des Freundes:

Mit meiner gewohnten Art des analytischen Erledigens komme ich hier nicht weiter. Das Leben ist nie wieder dasselbe wie vor dem 26. Mai und wird es nie wieder sein, da hilft keine verstandesmäßige Erklärung.

Ich bin ein technischer Mensch, ohne je studiert zu haben. Ich mochte die Technik, und Technik stellte sich mir als gut zugängliches Terrain dar. Ich war nie technikhörig. Das konnte ich schon deshalb nicht sein, weil ich viel zu viele Autos als Gurken erlebt habe, Rennautos wie auch zivile. Ich habe Räder verloren, bin in leere Bremsen gestiegen, habe nach rechts gelenkt und bin links abgebogen. Es bestand nie die Gefahr, dass ich die Technik als Götzen verehren würde. Ich benützte sie, so clever ich konnte, und die Technik hat mich dafür belohnt. Eine klare Sache.

Passagierflugzeuge sind anders. Sie sind nicht auf Höchstleistung ausgelegt, sondern auf Sicherheit. Das umfassende System der Sicherheitspyramide kam mir derart überzeugend vor, dass ich ihm mit Leib und Seele vertraute. Diese Empfindung war nach dem 26. Mai natürlich schwerstens beschädigt. Allein die erste Landung, bei der wir wieder Schubumkehr verwendeten! Ich hatte mir das selber vorbehalten, ich musste der Erste sein, der nach den Umbauten eine Lauda-Air-Maschine mit freigegebener Schubumkehr pilotierte. Ich flog die 767 von London, wo die Arbeiten gemacht worden waren, heim nach Wien. Ein unglaubliches Gefühl, wieder mit diesem Ding unterwegs zu sein, da bringst ja den Gedanken nicht los, wie das gewesen sein muss, als sich die Maschine blitzschnell aufs Dach legte. Und dann, bei der Landung, wenn du erstmals wieder den Hebel aktivierst, da wird dir ganz mulmig.

Im zweiten Jahr hat sich meine Einstellung zur Technik wieder langsam normalisiert. Die Unbefangenheit gegenüber der selbstverständlichen Logik eines modernen Flugzeugs ist Schritt für Schritt zurückgekehrt. Dazu gehört eigentlich auch, dass ich das Auftauchen einer ähnlich dramatischen Schwachstelle, wie es das alte Schubumkehrsystem war, nicht in Betracht ziehe. Nein, ich glaube nicht, dass in der modernsten Passagierflugzeug-Generation etwas derart Gravierendes noch einmal passieren kann. Ich glaube an diese Pyramide der überlappenden Sicherheit, und ich gehe davon aus, dass jetzt alles drin Platz hat, was hingehört. Wenn ich nicht daran glaubte, würde ich keine Airline führen.

Um mit Boeing klarzukommen, brauchte ich länger. Damit meine ich nicht die konkrete Abwicklung von Geschäften oder den Kontakt mit einzelnen Personen, sondern die Einstellung gegenüber einem anonymen, gesichtslosen Giganten, für den 223 Tote letztlich mit Rechtsanwaltsarbeit, einem Griff in die Reservekasse und ein paar Konstruktionsänderungen bewältigt wurden.

Die wichtigste Entscheidung, die rund um den Unfall zu treffen war, war, mich total einzubringen und mich damit Zuständen auszusetzen, denen ich normal eher ausweiche. Ich hatte Schiss vor diesem ersten Flug zur Absturzstelle in Thailand, und dann war alles ja noch viel ärger als in der schlimmsten Vorstellung. Die Realität von hunderten zerfetzten Toten, quer durch den Dschungel verstreut, der süßliche Leichengeruch, die aus den weißen Fetzen raushängenden Körperteile, der in die Erde gerammte Schwanz unseres Fliegers, das war so, wie wenn du plötzlich im Krieg bist. Sonst hörst du immer nur vom Krieg, und plötzlich bist du selber drin, von einem Tag auf den anderen. Eigentlich bin ich vom Abendessen heimgekommen, das Telefon hat geläutet, und im nächsten Moment war ich im Krieg.

Das hat meine ganze Einstellung in den Wochen und Monaten nach dem Unfall geprägt. Die sofortige Überwindung zu dieser Reise ans Schlachtfeld war entscheidend für mein Verhalten danach. Daher war ich auch härter, kompromissloser als meine Mitarbeiter, und ich hätte sicher nicht mehr in der Firma bleiben wollen, wenn wir Schuld gehabt hätten. Aber selbst das hätte mir nicht geholfen, aus meiner innerlichen Verantwortung rauszukommen, weil in dieser Company ja alles nach meinem Schädel passiert, nach meinen Vorgaben.

Die unendlich quälende Unsicherheit, was nun wirklich geschehen ist, die Müdigkeit und die Hoffnungslosigkeit, das nie wieder umdrehen zu können: Du bist in einem Rad drin und kommst nicht mehr raus. Deine Gedanken werden immer wieder zurückgeworfen an diesen einen Punkt, du kommst nicht los davon, findest kaum Schlaf, verlierst Kraft. Das wurde erst im August besser, im dritten Monat.

Eine völlige Befreiung von der Katastrophe wird es für mich nie geben. Erstens aus meinen eigenen, immer wiederkehrenden Erinnerungen, dann auch aus banalsten Situationen, ansatzlos. Ich treffe am Graben ein altes Muatterl, sie hält mich auf und sagt, Sie sind so ein lieber Mensch, wie gern hätte ich einen Sohn wie Sie, sie nimmt meine Hand, eines muss ich Ihnen noch sagen, mein Fleischhauer und seine Frau, die sind nicht mehr, zuerst hab ich geglaubt, die sind auf Urlaub, dann hör ich, abg'stürzt sind sie.

In den ersten Monaten gab es praktisch immer irgendwo jemanden, der einen kannte, der dabei war, und das wird mein Leben lang so sein, dass es mir einen Stich im Herzen gibt, wenn ich erinnert werde an jemanden, der dabei war.

Kürzeste Fassung aus heutiger Sicht (Wikipedia): „Nach beharrlichen Untersuchungen wurde ein Konzeptionsfehler an der hydraulischen Steuerung der Schubumkehr aufgedeckt."

Die Präsenz des roten Kappls auf den Fernsehschirmen wurde prolongiert. Dass hier der Chef einer Airline auch die fliegerische Kompetenz hatte, jeder Art von Debatte gewachsen zu sein, war sicher mit entscheidend für das unbeschädigte Image der Airline. Es ging erstaunlich rasch weiter, eine 767 war zufällig sofort verfügbar. Der Touristik-Boom war abenteuerlich, und innerhalb weniger Jahre waren knapp dreißig Maschinen in der Flotte, für Kurz-, Mittel- und Langstrecke. Den Höhepunkt, nach außen hin, erlebte die Lauda Air im September 1997, als Niki himself eine Boeing 777 von Seattle nach Wien überführte. Raum für 344 Passagiere, einen größeren Flieger hatte es bis dato in Österreich nicht gegeben.

Dazwischen gab es Turbulenzen, die in der Entfernung aus dreißig Jahren als erstes Zusammenschütteln eines erratisch gewachsenen Marktes erkennbar sind, mit allen Irrtümern, an denen noch heute gebügelt wird (etwa: Der Große, also Lufthansa, sichert sich billige Verträge für all sein künftiges Personal, indem er den Kleinen frisst oder zumindest anknabbert). Schwerwiegender war das Zusteuern auf eine „politische Lösung" zwischen Austrian und Lauda Air, sinngemäß nun doch zu einer Staatsairline. Mittlerweile scheint das Interesse erloschen zu sein, wirklich genau wissen zu wollen, wie das lief.

Ich lernte einen neuen Niki kennen. Marlene und er ließen sich scheiden ohne guten Grund, denn die Liebe lebte ja noch, und Nikis Affären waren fast von Anfang an geduldet worden. Den einzigen mir bekannten Ärger gab es durch ein verstopftes Klo in der Kaasgraben-Villa. Marlene war für einen Tag zu Besuch nach Wien gekommen und hatte den Reisepass von Giovanna Amati entdeckt, Kurzzeit-F1-Fahrerin und ebenso Kurzzeit-Freundin von Niki. Zwar schon geschieden, aber unverändert spanisch gefärbt, konnte Marlene es einfach nicht leiden, wenn da das Dokument einer Giovanna herumlag. Marlene war schon wieder weg, Nikis Klomuschel ging über, aber er hatte (wirklich!) Verständnis dafür und rief den Installateur. Die formale Ehe war den beiden immer egal gewesen, beim Anwalt sagte Marlene: „Die Kamera. Die Kinder, die Hunde."

Da waren noch 28 Jahre Lebenszeit für Niki, und die Beziehung wurde wichtiger als zuvor. Am Ende war es eine große Herzensgemeinschaft. Marlene, Niki, Lukas, Mathias, Birgit.

Das hat jetzt wenig mit der Lauda Air zu tun. Was gesagt sein sollte: Die 90er-Jahre waren ein sehr gemischtes Jahrzehnt für Niki Lauda.

Niki war viel als Captain unterwegs (Begeisterung bei den Passagieren bei der Durchsage aus dem Cockpit), er steckte auch viel im Büro und hatte nichts dagegen, wenn sich ein Bild als beinharter Unternehmer verfestigte. Die Bezahlung des Personals, abgesehen von den Piloten, lag keinen Schilling über dem Kollektivvertrag, und der war lausig. Beim Großteil der 1.200 Mitarbeiter verfing aber noch der Stolz auf diese Airline, die mittlerweile die klingendsten Destinations auf fünf Kontinenten bediente. Und fesch war'n s' ja wirklich, alle miteinander.

Nikis Charisma hatte bis zu jener Größenordnung gewirkt, wo eigener Punch noch spürbar werden konnte. Im neuen Kräftespiel galten andere Regeln, innerhalb der eigenen Firma, in der österreichischen Innenpolitik, im Wettbewerb mit der aggressiven internationalen Konkurrenz, die plötzlich um 4.000 Schilling nach Miami flog, statt um 6.000 wie Lauda.

Vor der Belegschaft sagte Niki: *Ein Leben lang hab ich allein am Lenkrad gedreht, und jetzt greifen tausend Leute hinein.*

Der Abgang wurde hinreichend elegant gestaltet, die größten Teile der Lauda Air gingen ziemlich geräuschlos in der AUA auf. Niki Lauda schied aus, hat wohl keinen finanziellen Schaden genommen.

Niki nahm einen Beraterjob bei Ferrari an, den Chefposten bei Jaguar Racing, machte ein Jahr Pause, das ganz witzig verlief, und wurde beim Hörensagen von Billig-Airlines wieder vom Hafer gestochen. Es kam zu schlanken Unternehmen wie Flyniki und Laudamotion, zu einem Sturzflug mit Air Berlin. Etwaige Kratzer an seinem Ego hat er uns nie gezeigt, wirtschaftlich war es niemals sein Schaden.

LAUDA AIR

1976 Pilotenschein für Niki Lauda. Nutzung einer Cessna Citation.

1979 Gründung Lauda Air. Zwei gebrauchte Fokker F-27.

1983 Rückzug auf Bedarfsfliegerei.

1985 Wiederaufnahme des Flugbetriebs mit zwei BAC 1-11.

1988 Boeing 737-200 und -300, dann 767-300. Linienflüge nach Fernost.

1991 Absturz der Boeing 767-300 „Mozart" über Thailand. 223 Tote. Boeing bestätigt Konzeptionsfehler an der hydraulischen Steuerung der Schubumkehr.

1997 Kooperation mit AUA und Lufthansa.

2000 Rücktritt Niki Laudas. Lauda Air wird Tochter der AUA.

2003 Gründung von Niki Luftfahrt bzw. Flyniki. Airbus A320.

2004 Einstieg von Air Berlin, 2011 Verkauf an Air Berlin.

2016 Lauda übernimmt die Amira Air, Umbenennung in Laudamotion, Charterbetrieb.

DREI JOBS

Ferrari, Jaguar, Mercedes:
Erst am Ende wurde alles gut.

Toto Wolff leitete ab 2013 das Mercedes-Formel-1-Team.
Lauda und er rauften sich höchst erfolgreich zusammen.

Der Teamchef als sein eigener Testfahrer, Valencia 2001:
Niki Laudas Liebe zu Jaguar, und umgekehrt, hatte ein Ablaufdatum.

007
AT&T
BECK'S
TM.
CK'S

L

Luca Montezemolo hatte Ferrari Ende 1977 als Rennleiter verlassen, 15 Jahre später kehrte er als Präsident zurück, es war vorhersehbar gewesen. Lauda hatte ihn immer als die vernünftigste Person des ganzen Ladens gesehen (abgesehen von Glamour und Herkunft), egal in welcher Ära. Luca fragte Niki, ob er auf einen Kaffee nach Rom kommen wolle. Warum nicht, klar.

Es war Ende 1991. Die beiden hatten immer einen guten Draht zueinander gehabt, die Verwerfungen mit Enzo Ferrari hatten nichts daran geändert. Der Chef war seit drei Jahren tot.

Eines der aktuellen Probleme: Luca war irritiert von der „Psychologie" in seinem Team, es war also ein innenpolitischer Sauhaufen wie eh und je, ein Casino, ein Fight der hundert Egos. Montezemolo wollte einen freundschaftlichen Rat von Niki, der in seinem analytischen Denken ja einiges dazugelernt hatte.

Aus dem Gespräch entstand der Wunsch Montezemolos nach einer intensiveren Verbindung, und es kam zu einem formellen Zweijahresvertrag. Wichtigster Punkt des schwer zu fassenden Jobs zwischen den Hierarchien war das Einbringen von Nikis nüchternem Hausverstand in das rätselhafte Gebilde namens Ferrari Racing. Da Lauda durch seine Fluglinie sowieso mehr als ausgelastet war, konnte der zeitmäßige Aufwand auch nur sehr beschränkt sein. Es reichte aber schon für genügend Aufregung, wenn das rote Kapperl am Wochenende an der Ferrari-Box auftauchte.

Ferrari war ernsthaft im Eck. Trotz Riesenaufwands (440 Mann in der Rennabteilung) fuhr man den englischen Teams hinterher: McLaren, Williams, Benetton. Teamchef Lombardi war eine lahme Ente, und die Fahrer Alesi und Capelli rissen der Welt auch keinen Haxen aus.

Laudas fixe Idee, Ayrton Senna mit fünf Extra-Millionen von McLaren loszusprengen und natürlich von Williams fernzuhalten, funktionierte nicht, und selbst der Hinauswurf von Rennleiter Lombardi gestaltete sich zäh. Immerhin hatte Lauda den Vorteil, sich Zugang zu den Allergrößten verschaffen zu können, und so traf er zu den Winterferien in St. Moritz auf Gianni Agnelli, Überchef des ganzen Vereins von Ferrari und Fiat. Agnelli war ein ikonenhafter Siebziger, fit und drahtig wie in seiner besten Paparazzi-Zeit.

Respekt und Freundschaft für ein Leben lang. Luca Montezemolo und Niki Lauda liefen einander immer wieder über den Weg und waren verlässliche Größen füreinander.

Agnelli konnte mit Niederlagen seiner Rennwagen durchaus umgehen, aber dann sollte es sich bei den Gegnern wenigstens um erfolgreiche Hersteller handeln. Dass sich der Bunttextil-Konzern Benetton Ende 1985 in ein hochklassiges F1-Team eingekauft und Michael Schumacher als Fahrer hatte, interessierte ihn nicht, er wollte den Namen überhaupt nicht aussprechen, sagte höchstens „Pullover" zu ihnen.

Lauda gelang es, in St. Moritz eine Sesselliftfahrt allein mit Agnelli zu arrangieren, und er erklärte ihm alle Ferrari-Troubles und was man tun könnte, Agnelli hörte sich alles in Ruhe an. Beim Aussteigen sagte er: „Ja, alles okay, macht nur alles, mir ist alles recht, es darf bloß nicht passieren, dass die Pullover vor den Ferraris fahren"

So ungefähr sahen die Problemlösungen aus. Niki half immerhin mit, Gerhard Berger ein zweites Mal zu Ferrari zu holen, dann erfand er Jean Todt als neuen Teamchef. Das war zwar im Endeffekt zielführend, aber damit schuf sich Lauda auch selber ab. Todt fühlte sich rasch unbehaglich mit Lauda und dessen glorioser Aura, Nikis Vertrag wurde von „Berater" auf „Botschafter" geändert. Dem Niki war es recht, er hatte genug zu tun, und die außergewöhnliche Beziehung zu Luca Montezemolo hielt bis ans Ende.

Ernsthafter als das Ferrari-Happening war der Jaguar-Job ab dem Jahr 2001. Nikis Präsenz bei der nun schon AUA-geführten Lauda Air wurde immer geringer, er war also verfügbar.

Das Jaguar-Formel-1-Team geht auf den privaten Rennstall Jackie Stewarts in den 90er-Jahren zurück, Ford übernahm ihn und nannte ihn Jaguar. Der US-Konzern hatte in seiner kampffreudigen Ära ein ganzes Portfolio von Automarken, Jaguar, Volvo, Land Rover, Aston Martin, natürlich alle Amerikaner. Mit „Jaguar" würde man die Erinnerung an frühere Heldentaten aus den 1950er- und 60er-Jahren wecken, Mille Miglia, Le Mans, die ganze Klassik. Der rennmäßig erste Einsatz von Scheibenbremsen bleibt ewig mit Stirling Moss und Jaguar verbunden, und wenn man einen ernsthaften Aficionado mitten in der Nacht aufweckt und ihn nach dem tollsten Serienmotor der Rennsportgeschichte fragt, wird er selbstverständlich sagen: Jaguar XK, 3,8-Liter-Reihensechszylinder.

Es gab zwar ein kompliziertes Organigramm zwischen den Jaguar-Zuständigkeiten innerhalb des Konzerns, aber im Grunde war es so, dass Lauda den Rennsport führte, neben dem amerikanischen Teamchef Bobby Rahal, der bald gefeuert wurde.

Ich traf zwar Niki in diesen Jahren etwa so regelmäßig wie vorher oder nachher, aber es gab nicht viel zu schreiben, die Wickel in der technischen Entwicklung und im Testbetrieb hörten sich abenteuerlich an, mussten aber Interna bleiben. Diese Seite der Probleme besserte sich, als Lauda innerhalb der Mannschaft auf den Südtiroler Techniker Günther Steiner aufmerksam wurde und ihm Verantwortung übertrug. Ja, jener Günther Steiner, ex-Haas, der heute wieder als bunter Vogel die F1-Szenerie belebt.

Zwei Miniaturen von damals haben die Zeit überdauert, meine ich.

Jackie Stewart, vorheriger Chef des Ladens in Milton Keynes, besuchte Niki in dessen neuem Büro, das vorher seines gewesen war.

Jackie Stewart wunderte sich, dass da keine Pokale herumstanden, keine Medaillen baumelten und keine Fotos vom alten Ruhm des Bürochefs kündeten, wie es bei Stewart der Brauch war.

Stewart: „Da ist ja gar nichts von dir in diesem Zimmer."

Niki schaute herum, glatte Wände, keine monegassische Bodenvase, aufgeräumter Schreibtisch.

Wie meinst du das?

„Man spürt nicht DEN NIKI LAUDA in diesem Raum."

Aber ICH bin ja da. Hey, ich bin's! Reicht das nicht?

Eine zweite nette Story habe ich in den Lauda-Memoiren („The Biography") des geschätzten englischen Kollegen Maurice Hamilton gefunden. Am ersten Tag im Büro übergab ein Finanzmensch Niki ein Buch, „Ford Compliance Rules". Niki wollte das Buch weder lesen noch behalten.

Als Jackie Stewart seine aktive Karriere beendete, ging bei Lauda die Formel 1 erst los. Als Jaguar-Rennleiter war der Schotte Vorgänger des Österreichers.

Was steht drin?, fragte er den Jaguar-Ford-Mann.

Jede einzelne Kleinigkeit, die einen Angestellten betreffe, sei in diesem Buch geregelt. Niki bat um ein Beispiel.

Wenn man in der Minibar des Hotels ein Getränk entnehme, müsse man privat dafür zahlen. Es gebe aber eine Ausnahme: stilles Wasser. Das zahle die Company.

Und Wasser mit Soda?

Musst du selber zahlen.

Niki ließ sich kein Firmenhandy geben, keinen Firmen-Laptop. Alles lief über sein privates Handy, an dem auch Kumpels wie ich ihn gut erreichen konnten.

Nach zwei Jahren war Jaguar Racing so weit, dass man den technischen Rückstand halbwegs aufgeholt hatte. Von den Fahrern Eddie Irvine und Pedro de la Rosa hatte man sich getrennt, mit Mark Webber würde man hoffnungsfroh in die Saison 2003 gehen.

Ohne die geringste Vorwarnung wurde Niki gefeuert. Sein einziger Vorgesetzter, Chef von weltweit 30.000 Ford-Technikern, sagte laut Laudas Wiedergabe: „Niki, I must tell you, you did a perfect job, you did nothing wrong. I admire you. But I want British people to run the team."

Als Lauda in sein Büro zurückkam, wurde er gebeten, alle Firmengeräte zurückzugeben und sein Spesenkonto abzuschließen. Aber da gab es nicht einmal einen Kugelschreiber und keinen Penny auf der Liste. Lauda ließ sich von Bernie Ecclestone einen Anwalt empfehlen. Der holte das ausständige Jahresgehalt von Ford, was unserem Helden natürlich fürs Prinzip sehr wichtig war, dem Ego aber nur teilweise helfen konnte. Niki konnte sich zwar nichts vorwerfen, hatte aber das Match eines Lebensabschnitts verloren. Die „Kronen Zeitung" titelte: „Fußtritt für Lauda".

Echte Lebensberatung konnte da nur Marlene bieten: „No hay mal que por bien no venga." Wer weiß, wofür's gut ist.

Der Ford-Konzern ließ das Jaguar-Team noch zwei Jahre fahren, was ein ziemlich trauriges Bild ergab. Es tauchte ein Käufer auf, der gab dem Team rasch einen neuen Namen: Red Bull Racing. Sechs Jahre später holte das Team den ersten Weltmeistertitel.

Es dauerte knapp zehn Jahre, bis sich Lauda wieder für einen Auto-Job interessierte. Die Nähe zu Mercedes war immer enger geworden und hatte vorerst wenig mit Business zu tun. Niki vertrug sich ganz gut mit dem Top-Personal der Firma, vor allem mit Dieter Zetsche, dem Daimler-Leuchtturm für mehr als ein Jahrzehnt. Das Engagement im Motorsport bekam eine neue Dimension, als Mercedes 2010 mit eigenem Team im Vollformat in die Formel 1 einstieg.

Man hatte sich die Dinge etwas glanzvoller vorgestellt, und als trotz des unvergleichlichen Michael Schumacher keine brauchbaren Ergebnisse zustande kamen, tauchte nach drei Jahren die Idee auf, sich der Schlauheiten von Niki Lauda zu bedienen. Er unterschrieb als Vorsitzender des Aufsichtsrats von Mercedes Grand Prix. Das war eindeutig kein operativer Job, andererseits wollte man sehr wohl einen aktiven Lauda, der Bewegung in den Laden bringt.

Nur mit der Hemdsärmeligkeit eines Lauda konnte man im Umfeld der Daimler-Granden aussprechen, was sonst tabu war: Man brauchte einen Nachfolger für Michael Schumacher, der mit Ende 2012 vielleicht zurücktreten oder einen behutsamen ehrenhaften Schubs in dieser Richtung erwarten würde. Für Lauda konnte es nur darum gehen, den aus seiner Sicht besten Fahrer zu holen und damit das kräftigste Signal für einen Turnaround des Teams zu setzen. Bester Fahrer, das war (neben Sebastian Vettel) wahrscheinlich Lewis Hamilton. Er war mit McLaren groß geworden und hatte dort seinen bislang ersten Weltmeistertitel geholt, es gab keinen erkennbaren Grund, warum er das Team verlassen und in einen eindeutig schlechter aufgestellten Rennstall wechseln sollte, abgesehen von der Magie des Namens Mercedes als Werksteam. Lauda ließ sich vom Daimler-Vorstand das Okay für Verhandlungen mit Lewis Hamilton geben. In einer Verhandlungsnacht in Singapur muss Niki ziemlich gut gewesen sein, was die emotionale Seite des Racer-to-Racer-Gesprächs betraf. Darauf folgende Störversuche von McLaren-Chef Ron Dennis, der seinen Star wirklich nicht hergeben wollte, wurden abgeblockt, auch hier halfen die höchstpersönlichen Erfahrungen Niki Laudas.

Mit dem Abgang Norbert Haugs als Teammanager wurde ein CEO gebraucht und mit Toto Wolff gefunden. Wolff ist ein sehr ernsthafter Mensch (als Rennfahrer kam er auf 7:03 am Nürburgring, als Unternehmer ist er immens erfolgreich, „Forbes" weist ihn als Milliardär aus), das wirkte sich auch gedeihlich in der Führung des Rennstalls aus. Wolff und Lauda kamen einander auch manchmal in die Quere, wenn Niki aus der Höhe des Aufsichtsrats in den laufenden Betrieb hineingrätschte (etwa in der Hamilton-vs-Rosberg-Frage), aber nach einem Ordnungsruf aus Stuttgart gab's das große Shakehands, das bis zu Nikis Tod hielt.

Viel mehr noch: Es entwickelte sich eine immer engere Freundschaft zwischen Niki und Toto, die in allerletzten Monaten noch tiefere Bedeutung bekam, und mit Sicherheit war die Mercedes-Mission insgesamt der erfüllendste Job in der Karriere des Champs.

Ein schönes Bild, das man für die Geschichte von Toto und Niki ganz gut stehen lassen kann

DIE KÜHE VON URUGUAY

Dann hab ich mir gedacht, wenn du Zahnweh hast, kannst du dir den Zahn selber reißen.

Auf gleicher Wellenlänge mit Michael Schumacher.
Formel-1-Experte bei RTL

Deutsche
Vermögensberatung
RTL
RTL

N

Niki war 54, und ihm war fad. Da er diesen Zustand noch nie erlebt hatte, wollte er mir ihn vorführen, drum bat er mich auffallend häufig zum Frühstück ins Imperial oder zum Pöschl. Wir hatten längst nicht so viel Agenda wie Mahlzeiten, aber da er nicht mehr die Ausrede hatte, er müsse zu Bürobeginn im Office am Flughafen sein, musste ich mich seinem Frühaufsteher-Terror nicht beugen. Wenn ich um neun ins Imperial kam, hatte er schon die relevanten Zeitungen (am wichtigsten: Der Standard) gelesen und bestellte die zweite Melange. Der Frühstücks-Hauptgang wechselte im Lauf der Jahrzehnte, damals war meistens Geschabter Apfel mit Joghurt dran.

An einem solchen Tag würde Niki vom Imperial zum Stephansplatz fahren (zu Fuß gehen oder Öffis kamen für ihn nicht in Frage, und in Sachen Parkplatz war er unbekümmert, um es auf nette Weise zu sagen).

Im Do & Co besuchte er Attila Dogudan, nur zur Erörterung der Weltlage, dann fuhr er vielleicht – aus lauter Fadheit – in den Fitnessclub, der Manhattan hieß. Niki hasste Turnen, wie er es ausdrückte.

2003 also: Die Lauda Air war von der AUA aufgefangen oder geschluckt worden, wie man will, da war nichts mehr zu tun. Ford hatte Lauda als Jaguar-Teammanager gekündigt und ihm ein Jahr Pause für jeglichen Job im Auto-Business auferlegt. Erlaubt war der RTL-Job als Experte bei den Grand-Prix-Übertragungen. Niki machte das nicht ungern, und er war trotz (oder wegen) seiner Sorglosigkeit und unstraffen Körpersprache durchaus beliebt beim deutschen Publikum. Außerhalb der Sommersaison war also wirklich nicht rasend viel zu tun. Die Familie lebte hauptsächlich in Spanien, Niki wohnte meist allein am Rande der Wiener Weinberge oberhalb des Kaasgrabens.

Bei etlichen unserer Treffen ließ ich das kleine Olympus-Band mitlaufen, meist ohne an eine spezielle Verwendung zu denken. Niki hatte da nichts dagegen, er wusste bei mir auch unsere privaten Blödheiten in Sicherheit, und vielleicht würde man doch irgendwann später etwas brauchen können.

Zum Beispiel: wie alles plötzlich ganz anders wird.

Lauda-Sprech bei vier Gelegenheiten 2003.

März 2003

Was ich jetzt einmal abhaken kann, ist der Wunschtraum von der Insel in der Karibik. Zuerst wollte ich ja in Uruguay Kühe züchten – eine Farm, ein Pferd, reiten, Land, so weit das Auge reicht, Tausende Kühe, das hab ich mir irgendwie ganz gut vorgestellt. Dann ist mir eingeschossen, dass die Kühe ja krank werden können, Maul- und Klauenseuche oder so etwas, und dann kann ich sie nicht mehr dem Attila fürs Do & Co verkaufen, also bin ich von den Kühen abgedriftet.

Dann ist in meinen Träumereien die Insel aufgetaucht. Ich sitz auf einer Insel, so hab ich mir das vorgestellt, mit der Badehose. In der Früh komm ich aus meinem Zimmer, schwimm im Meer, sitz dort und schau halt. Rechts hab ich ein rotes Wasserflugzeug angebunden, daneben ein kleines Hotel, wo appetitliche junge Damen die Zimmer putzen, wir sind alle eine große Familie. Dann kommen meine Freunde, die hol ich mit dem Flieger ab, die bleiben dort ein paar Wochen und fahren wieder. Das war also mein nächster Traum.

Und wie mir dann fad geworden ist, weil ich nichts mehr zu tun hatte, hat das an Priorität gewonnen. Ich dachte, jetzt muss ich einmal schauen, ob es überhaupt solche Inseln zu kaufen gibt. Ich hab im Internet herumgesucht und bin bei Australien und Neuseeland auf ganz gute Inseln gestoßen, aber das war mir irgendwie zu weit, drum hab ich lieber die Gegend von Miami eingekreist. So haben sich die Bahamas ergeben, da gibt es noch super Inseln. Ich hatte von Bombardier eine Challenger für einen Demonstrationsflug, den hab ich dafür verwendet, wir sind nach Miami geflogen, dann zu einem kleinen Flughafen in der Nähe der Insel.

Es waren atemberaubende Flüge, nur auf Sicht, eine Riesenhetz. Dort hat uns jemand abgeholt und uns drei Inseln gezeigt, eine war eindeutig die beste davon. Sie war zehn Kilometer lang, in der Mitte führt eine Brücke von der Hauptinsel hinüber. Auf der rechten Seite war sie ein bisschen verbaut, aber auf den linken fünf Kilometern war gar nix. Rechts gab's Strom und Wasser, links ist man durchs Dickicht gefahren bis ans Ende der Insel, und das war Sandstrand, so weit das Auge reicht. Fantastisch, ein Vogelparadies. Da stehst du und schaust, eigentlich alles super. Der Preis wäre um die drei Millionen Dollar gewesen, aber vielleicht wäre es auch um zwei Millionen gegangen. Zwei oder drei Millionen Dollar für fünf Kilometer Insel samt Vogelparadies und Baugenehmigung, echt schön.

Da bin ich also gestanden, hab mir das alles angeschaut, hat mir natürlich irrsinnig gut gefallen, hab mir auch schon überlegt, wo ich das Wasserflugzeug anbinde und so weiter, alles bestens. Eine halbe Stunde war ich da drauf, da hab ich schon gezuckt: Was mach ich da eigentlich? Wenn ich da allein sitzen muss, bring ich mich um. Und wie lang das dauert, bis ich da alles hingebaut habe, auch wenn es jemand anderer macht. Aber ich wollte mich noch umschauen und bin wieder zurück auf die Hauptinsel gefahren, um zu schauen, wo ich einkaufen würde, wenn ich die Insel hätte. Der nächste Ort, wo es ein Geschäft gab, war unheimlich leer, sagen wir so, es sind da nicht viele Leute einkaufen. Eigentlich kein Mensch. Milch kostet dreimal so viel wie eine Flasche Rum. Auf meine Frage, warum das so teuer ist, haben sie gesagt, für die Milch braucht man einen Refrigerator, deswegen ist sie so teuer, ich glaub acht Dollar oder so. Aber was mich wirklich erschreckt hat: dass dort kein Mensch ist. Lauter winzige Orte. Und Nassau ist schon so weit weg, dass du am Abend nicht einfach hinfahren und wieder heimfahren kannst. Und dann hab ich mir gedacht, wenn du Zahnweh hast, kannst du dir den Zahn selber reißen, kannst dir dann einen rausmergeln wie der Tom Hanks. Da hab ich mir gedacht, das geht sich alles nicht aus, und die Sache war erledigt.

Jetzt bin ich wieder so weit, wie ich vorher war. Marlene sagt, ich hab einen Vogel. Ich soll nach Ibiza fahren und mich beruhigen.

Das hab ich mir dann auch gedacht, ich kann ja jeden Tag nach Ibiza fahren. Da hab ich auch eine Insel – und sonst halt auch alles. Also das hat sich hiermit erledigt. Aber Träume muss man austräumen, sonst sitzen sie ununterbrochen in einem drin. Es ist schon okay so, ich kann mich nicht beschweren.

Mai 2003

Als RTL-Experte ist Lauda beim Grand Prix in Barcelona engagiert. Dort führt Marlene ein gastfreundliches Haus mit Lukas, 24, und Mathias, 22. Das Verhältnis von Niki zu Marlene ist eher noch besser als vor der Scheidung, die auch schon zwölf Jahre her ist. Lukas und Mathias sind natürlich komplett zweisprachig und lassen je nach Bedarf den Spanier oder den Österreicher raushängen, ziemlich ideal. Niki gesteht sich den großen Fehler ein, nie Spanisch gelernt zu haben. Es gab öfter Situationen, *wo die ganze Familie Spanisch quasselt und ich sitz zwischendrin wie ein kompletter Idiot.* Gerhard Berger kennt ähnliche Situationen in der portugiesischen Spielart.

Niki freute sich auf ein gemütliches Wochenende im Kreise der Familie, wie man sich das als mittelalter Vater halt vorstellt.

Ein kleines Problem hab ich mit den spanischen Essenszeiten am Abend. Vor elf geht praktisch gar nix, da bin ich schon fast verhungert und halb eingeschlafen. Drum lade ich mich am liebsten bei meinem Freund Attila ein, dessen Frau auch in Barcelona lebt. Attila schafft es tadellos, ein Abendessen auch zu mitteleuropäischen Zeiten auf den Tisch zu bringen. Also sind wir am Donnerstag zu Dogudans gegangen, es war wunderbar.

Am Freitag hätte sich das Gleiche angeboten, aber Marlene hatte ein schlechtes Gewissen, auf die Art von, wir können uns nicht dauernd beim Attila einladen, wie schaut denn das aus. Also hat sie beschlossen, selbst zu kochen, und ich war richtig beglückt.

Ich komm mit dem Lukas um acht von der Rennstrecke zurück, Marlene fuhrwerkt in der Küche. Sag ich, wann geht's los? Na, noch nicht, ich soll warten, ich soll mich hinlegen. Ich sag, ich brauch mich nicht hinlegen. Ich soll oben schlafen, soll RTL schauen und schlafen, hat sie gesagt. Gut, ich leg mich da oben zwei Stunden aufs Bett, es wird zehn, der Hunger wird größer, ich geh wieder runter, es füllt sich langsam die Küche. Es waren Freunde vom Lukas und Mathias da, der Andi und der Carlos und wie sie alle heißen. Aber essensmäßig war noch nichts drin, „weil es kommen noch der Ángel Nieto mit dem Fonsi Nieto und dem Sowieso, der die 500er gewonnen hat". Die kommen alle noch, und ich soll warten. Da war's schon halb elf. Sag ich zum Lukas, ruf den alten Nieto an, wo er jetzt ist. Ja, er hat sich grad verfahren und hin und her. Langer Rede kurzer Sinn: Um elf Uhr war er endlich da. So. Dann begann das Abendessen. Nieto hat drei Frauen mitgebracht, wo eine von denen mir erklären wollte, auf Englisch, was sie nicht konnte, dass diese Mauer in der Küche versetzt werden muss. Marlene redet auch dauernd davon, weil natürlich, wenn zwanzig Leute kommen, ist die Küche zu klein. Also statt sich zu überlegen, nur zehn Leute einzuladen, ging die Diskussion los: Die Mauer muss versetzt werden, eine Glaswand gehört dorthin. Alles auf Englisch, und ich wollte dabei essen. Jetzt hab ich immer den Nieto angeschaut, hilfesuchend, bitte befrei mich von der Frau. Der hat das gleich überrissen und hat die immer weggezerrt. Aber die war leicht angedudelt schon und wollte mir den ganzen Abend erklären, wie man jetzt diese Mauer hier versetzt. Ich hab mich da mit Disziplin durchgekämpft durch den Abend und hab dann endlich um halb zwölf irgendwas zum Essen gekriegt und bin dann einfach schlafen gegangen und hab dem Lukas noch gesagt: Jetzt mach mir noch einen Gefallen. Dreh diese Anlage nicht so auf, dass das ganze Haus und der ganze Ort hier mitfeiern muss, sondern schau, dass ich das irgendwie zusammenbring zum Schlafen.

Um drei krieg ich natürlich einen Hunger, weil das Essen war halt nix, und geh wieder in die Küche runter. Da steht Marlene allein: Ah, du hast Hunger, gut, komm herein, ich mach dir gleich was. Eh auf nett. Ich muss jetzt die Küche aufräumen. Die Küche hat ausgeschaut, wie wenn dort der Bush (US-Präsident; Anm.) *eingeschlagen hat, eine Rakete. Du kannst dir gar nicht vorstellen, wie es da ausgeschaut hat. Sie fuhrwerkt da herum und gibt mir was zum Essen, und sagt dann, du pass auf, weil da sind lauter Scherben am Boden. Ich denk mir nichts dabei, krieg von ihr noch eine Wurstsemmel und geh dann wieder.*

Um halb acht in der Früh steht der Fonsi Nieto bei mir im Wohnzimmer mit drei Damen, wo nicht eine zumindest grüßt, ich such den Lukas zum Wegfahren, der muss aber Weinflaschen aufmachen, weil die Neuen grad gekommen sind. Er fährt dann doch mit zur Rennstrecke, wo sie mir in der Grand-Prix-Ambulanz die Glasscherben aus den Zehen operieren. Dann ist Training, ich sag was G'scheites für RTL, fahr heim, schmeiß alle raus und fahr mit den Kindern zum Abendessen beim Attila.

Am Renntag sind alle tot außer mir, ich sag zu Marlene, dass vom Bernie sechs Karten für sie und die Kids bereitliegen, und wenn die nicht geholt werden, dann explodiert was, aber dann sind eh alle brav an der Strecke. Ich sitze oben im Motorhome beim Bernie am Fernseher und will mir in Ruhe den Grand Prix anschauen, um nachher als Experte aufzutreten, aber da sind auch Bernie und Slavica und Marlene und der Karl-Heinz (Zimmermann, Gastro-Legende aus Lech; Anm.), *der Karl Heinz macht den Papst nach, der kürzlich in Spanien war, es ist eine Riesenhetz, und alle verstellen mir den Fernseher, aber wir haben's hingekriegt. Und im RTL war ich tadellos.*

Juli 2003

Lauda fliegt zwar für RTL zu zehn Formel-1-Rennen, fühlt sich aber als Nichtstuer.

Je länger ich mich mit dem Nichtstun beschäftige, desto lieber treffe ich Leute, die auch nichts tun. Man holt sich Anregungen. Es war wunderbar, Gerhard Berger in Monaco zu besuchen. Er hat ja gesagt, dass er seinen Job zurücklegt, um für sich und seine Familie Freizeit zu schaffen – ein Gedanke, der mir unendlich fremd wäre. Das Tolle beim Gerhard ist, dass er das nicht bloß sagt, sondern tatsächlich genauso lebt.

Gerhard ist total ausgeglichen und macht einen derart überzeugenden Eindruck im Nichtstun, dass ich ihm alles glaube. Auf meine Frage, wie lang er das so machen will, sagt er, ungefähr ein Jahr. Bloß: Bei Gerhard kommt diese Gelassenheit so aus dem Innersten heraus, dass ich mir durchaus vorstellen kann, dass er ein Leben lang so weitermacht. Drum kann ich mit seinem Modell nichts anfangen, ich hab eine andere Art von Trieb, oder Unruhe, ich will oder muss dauernd was tun, etwas, das mich wirklich interessiert, und dann mit aller Konsequenz. Gerhard scheint eher zu warten, ob was daherkommt. Wenn ja, dann macht er seinen Job total, das haben wir gesehen.

In einem Punkt sind wir einander ähnlich, das ist eine gewisse Scheu vor übertriebener Fitness. Gerhard sagt, dass er sich dreimal in der Woche ins Gym schleppt, und wenn mir wirklich gnadenlos fad ist, geh ich auch ins Manhattan, aber nie aus Begeisterung. Ich beneide alle Leute, die mir erklären, dass man irgendwann beim Laufen eine Art von Kick kriegt: Du wirst ganz glücklich und willst überhaupt nur noch laufen. Das ist mir noch nie im Leben passiert. Ich glaub, Willi Dungl wäre sehr happy gewesen, wenn er das bei mir je erreicht hätte, aber das war ihm nicht wirklich gegönnt. Ich hab um jeden Meter gefeilscht, den ich mit ihm laufen sollte, und er hat mich möglichst weit vom jeweiligen Hotel weggelockt, dass der Rückweg möglichst lang war. Drum hab ich auch noch auf die Orientierung achten müssen. Ich hab immer gekeucht, Willi, z'ruck!, und er hat gesagt, mir san eh gleich da, dabei ist er weitergerannt in die verkehrte Richtung.

Also, auf den Kick warte ich noch immer vergeblich. Letztens sitze ich im Manhattan am Rad und radel vor mich hin und denke: Wie lang lebe ich eigentlich noch? Wenn ich das wüsste, könnte ich das Minimum ausrechnen, was ich noch trainieren muss. Weil wenn es mich morgen aufstellt, ist jeder Klimmzug, den ich heute mach, unnötig. Überhaupt wäre es interessant, zu wissen, wie lang man lebt, dann könnte man einen genauen Plan machen, wie man mit dem Geld umgeht und wie viel Klimmzüge man macht.

November 2003

Nikis schlamperter Gang (das ist nicht ganz dasselbe wie ein schlampiger Gang, nur Wiener können wirklich schlampert gehen oder überhaupt schlampert sein), also Nikis Körperhaltung ist jetzt ganz anders, selbst wenn er im Imperial hockt, heute aber schon ungeduldig. Er hat einen Satz gelesen: Man darf nicht so viel arbeiten, dass man nicht mehr denken kann. Vollkommen richtig, sagt er, drum kann es kein Zufall sein, dass ihm gerade gegen Ende dieses Ruhejahrs eine tolle Idee gekommen ist, um sich wieder voll ins Getümmel zu stürzen. Auf die Frage, warum er sich das antut, ohne Not, kommen große Worte: wie eine Fügung Gottes. Wie 21 Jahre vorher, als ihm die Eingebung passierte, nach zwei Jahren Rennpause wieder mit dem Rennfahren anzufangen. Damals: noch einmal Rennfahren, heute: noch einmal eine Airline gründen. Das neu etablierte Geschäft mit den Billig-Airlines ist allzu verlockend.

Was Ryan Air und Easy Jet zuwege brachten, also die billige Kostenstruktur, das müsste ihm doch auch gelingen, und zusätzlich würde er den Spagat zusammenbringen, sogar noch Qualität zu bieten (bei Service, Sauberkeit, Pünktlichkeit) und sogar in der Billigwelt Emotionen zu erzeugen: durch Design, Freundlichkeit, ein paar pfiffige Ideen, und natürlich auch: Ich bin's, Ihr Kapitän, Niki himself.

Das hörte sich vor zwanzig Jahren alles irgendwie sehr viel besser an als nach Einholung durch die Realität. Jedenfalls: volles Programm für Flyniki, himmelstürmende Pfennigfuchserei. Niki Lauda fühlte sich in beiden Bereichen als superkompetent, und so ging das Ruhejahr 2003 mit dem größten Stress zu Ende, den sich ein Mensch aufladen kann.

RACING KIDS

Soll ich ihm sagen,
du bist zu alt, mein Sohn?

Mathias Lauda war ein Riesentalent, konnte
aber die Matura nicht so genial abkürzen wie sein Vater.
So kam er erst mit 21 in den internationalen Rennsport.

LAUDA
Mobil 1

West
Mobil
BOSS
Sun

Nur zum Schnuppern: Mathias, Niki, Lukas, McLaren-Doppelsitzer, Barcelona 1999, im Umfeld von Nikis 50. Geburtstag

L

Lukas kam noch zur Brabham-Zeit zur Welt, 1979, Mathias zwei Jahre später, vor dem Comeback mit McLaren. Mit wenigen Monaten Abstand wurde Christoph geboren, sozusagen überraschend. Für Ehefrau Marlene war es kein kleinerer Schock als in jeder anderen Familie. Niki verzichtete auf jeglichen Kontakt zum Jüngsten, so hielt man einen funktionierenden Rahmen von Familienleben aufrecht. Später wurde alles normaler, Marlene bot sogar Familienanschluss an, was aber für Christophs Mutter kein Thema war. Der Boulevard kam erst dann hinter das Geheimnis, als Christoph im Kindergartenalter war.

Die erste quasi offizielle Wahrnehmung des dritten Sohnes gab es allerdings erst bei Nikis Begräbnis, als Christoph vom Dompfarrer ausdrücklich adressiert wurde.

1981 war ein bewegtes Jahr. Zuerst Mathias, dann Christoph. Die junge Lauda Air mit ihren zwei Propellerfliegern geriet unter Druck, Lauda wurde rückfällig fürs Rennfahren. Die kommenden McLaren-Gagen wollte er schonend versteuern und bereitete den Umzug nach Spanien vor, was Marlene naturgemäß begeisterte, auf diese Art ergab sogar das Rennfahren einen Sinn. So gingen Lukas und Mathias in Ibiza in den Kindergarten. Als Lukas ins Schulalter kam, stellte sich heraus, dass Marlene die Ibiza-Ausbildung nicht so toll fand. Man übersiedelte wieder nach Hof im Salzburgischen, der Steuer-Deal war ohne Rennfahrerei hinfällig.

Es stellte sich heraus, dass die Kids echte Söhne ihres Vaters waren, also unglaubliche Nieten in der Schule. Damals war es noch üblich, dass Privatschulen es vermögenden Vätern zielführend erscheinen ließen, Gutes zu tun. Niki glaubte sich richtig zu erinnern, dass er die Dachreparatur in Felbertal sponserte, damit Lukas wieder ein Jahr schaffte. Als diverse Schulwechsel nicht mehr halfen, war Marlene mit den Nerven so weit, dass man wieder nach Spanien übersiedelte, diesmal nach Barcelona. Dies hilft beim Verständnis für den verspäteten Start von Mathias ins Rennfahrerleben … wobei auch Attila Dogudan eine Rolle spielte.

Die Freundschaft war immer enger geworden, und auch die Dogudans siedelten inzwischen in Spanien. Attilas Erfolg als internationaler Geschäftsmann beeindruckte Lauda, und er neigte dazu, Dinge ernst zu nehmen, wenn Dogudan sie ihm auseinandersetzte. Der springende Punkt war, dass Nikis Bildungsmodell mit dem gefälschten Maturazeugnis zwanzig Jahre später nicht mehr funktionieren würde. Dogudan hatte es ja auch nicht einfach mit seinen beiden Buben, aber er war finster entschlossen, sie zur Matura durchzuboxen und parallel dazu seinen Freund zu bewegen, genauso hartnäckig mit Lukas und Mathias zu sein. Beide Väter sahen später die Abitur-Abschlüsse ihrer Kids als prächtige Marksteine ihrer Karrieren.

Die Verspätungen in den schulischen Zeitplänen wurden locker akzeptiert, sie blieben Folklore in den Erzählungen aus gewonnenen Feldzügen (ohne Marlene wäre allerdings bei den Laudas überhaupt nichts gegangen, so viel ist auch klar).

Das alles ändert nichts daran, dass der jüngere Bub frühe Talentproben als Rennfahrer ablieferte. Niki:

Wie Mathias sich als Fünfjähriger zum ersten Mal auf so ein kleines Motorrad draufgesetzt hat, ist er gleich einmal in die Garagentür gedonnert, weil er nicht gewusst hat, wo die Bremse ist. Das war ihm aber wurscht. Lukas hat drei Tage gebraucht, bis er einmal kapiert hat, wie er das Ding anstarten soll. Nach der Matura in Barcelona ist dem Mathias klar geworden, dass er ausprobieren muss, was für ein toller Rennfahrer er ist. Als ich es erfahren habe, hab ich hinter Marlenes Rücken einen Test mit Formel-3-Autos im weit entfernten Wales organisiert. Da hat sich herausgestellt, dass Mathias tatsächlich schnell ist, ohne Wenn und Aber. Fachleute, die ich kenne, haben sich ihn angeschaut und nur Gutes erzählt. Er ist schnell, auch nach den reinen Rundzeiten. Also ist er fürs Erste nicht aufzuhalten.

2002 hatte die Rennkarriere des Mathias inzwischen die Hürden der zornigen Mutter geschafft, ja, sie war wütend, bis sie innehielt und sich auf positiv programmierte (so gut es halt ging).

Niki pendelte damals zwischen Jaguar, das heißt Milton Keynes und 17 GP-Rennen, Ibiza und Wien. Das Frühstück im Café an der Ringstraße ist sich trotzdem ausgegangen.

Was war deine erste Reaktion, als dir die Brüder gesagt haben, sie wollen das gemeinsam machen, Mathias als Fahrer, Lukas als Manager?

Ich hab gefragt, wie viel Prozent der Lukas als Manager kriegt. – Das müssen sie sich erst ausmachen. – Macht es gleich aus, hab ich gesagt, das ist gscheiter. Zum Beispiel 20 Prozent. Okay, haben sie gesagt. Jetzt ist alles klar. Auf jeden Fall hat es der Mathias besser als ich im ersten Jahr, denn er muss keinen Sponsor bringen und kriegt in der Formel 3 gleich einmal eine fixe Gage von 1500 Euro im Monat.

Ist es für dich nicht irgendwie seltsam, dass sich die beiden Brüder in dieser Gemeinschaft finden?

Ja. Die beiden haben sich plötzlich gefunden, da muss irgendetwas passiert sein, irgendwas Besonderes. Die beiden stehen aufeinander, drum hat das Ganze eine gute Basis. Ich find das toll.

Inzwischen ist Mathias 21, also ein extremer Spätstarter, fünf Jahre hinter dem üblichen Zeitplan. Kann sich das überhaupt noch ausgehen?

Soll ich sagen, du bist zu alt, mein Sohn?

Natürlich nicht. Ist halt ein ungewöhnlicher Beginn. Aber wenn er wirklich so viel Talent hat, wie du sagst …

Um das Talent mach ich mir keine Sorgen. Er wird ein super Rennfahrer, aber nicht der allerbeste.

Wieso kannst du das jetzt schon beurteilen? (Das Band lief während unseres Frühstücks mit, wie so oft. Wenn Niki das nicht wollte, dann sagte er es.)

Grundsätzlich sind wir in unserer Familie ganz gut, was die Vermeidung von Vater-Sohn-Konflikten betrifft. Mit meinem Prinzip der nur ganz seltenen Einmischung sind alle halbwegs zufrieden, und Marlene hat sowieso alle Klippen geschafft.

Mit der beginnenden Rennkarriere des Mathias werden die Dinge etwas komplizierter. Ich hab absolut kein Talent zur Eislaufmutter und glaube auch, dass sich die Kinder besser entwickeln, wenn da nicht einer dahintersteht, sei es als Schutz oder als Nörgler oder als Pusher, egal. So ist es sicher besser, wenn Mathias und sein brüderlicher Manager Lukas die Sache allein abwickeln – andererseits, wenn sie mich wirklich brauchen, will ich natürlich schon für sie da sein.

Hilfreich bei der ganzen Sache ist die unheimliche Erdverbundenheit des Mathias, der das genauso sieht und überhaupt nicht damit spekuliert, dass ihm als Lauda irgendetwas leichter fallen wird. Als wir eine Terminüberschneidung zwischen der Red Bull Airshow und seinem ersten Saisonrennen in Monza hatten, war es ihm peinlich, dass ich ihn da schnell mit dem Lear hinunterflog, weil es wirklich nicht anders gegangen wäre. Er gab schrecklich drauf acht, dass es ja kein Foto geben kann, wo er zum Papi in den Flieger schlüpft. Ich hab ihn auch nur in Mailand abgeliefert und bin gleich weitergedüst.

Zuvor sind wir uns jetzt durch die Feriensituation öfter über den Weg gelaufen, zum Beispiel in Ibiza. Er fährt dort meinen Range Rover, und am

Mein Vater ist ein echter Flugkapitän: Lukas, Mathias

Abend sehe ich, dass die Fahrertür nicht ganz geschlossen ist. Ich mach sie zu, dabei sehe ich, dass auch die andere Tür nur angelehnt ist. Also gehe ich in sein Zimmer, was schon deshalb ein Abenteuer ist, weil Mathias sein ganzes Gewand auf dem Boden liegen hat, ich meine, es gibt absolut keinen Flecken, wo nicht irgendwas herumkugelt.

Vater (den Sauhaufen keineswegs erwähnend): „Weißt du, dass beim Range Rover die Türen halb offen sind?"

Sohn: „Ja, aber es macht nix."

Vater: „Wenn die Innenbeleuchtung brennen tät, wär die Batterie schon leer."

Sohn: „Aber sie brennt nicht."

(Stimmt, er hat sie ausgeschaltet.)

Am nächsten Abend sind wieder beide Türen nur angelehnt. Es ist mir einfach nicht möglich, an einem Auto vorbeizugehen, bei dem die Türen halb offen sind. Also mach ich sie zu und frage den Mathias, ob er glaubt, dass ich sein Türlzumacher bin. Dann erkläre ich ihm in aller Ruhe, dass man Rennen nur dadurch gewinnt, dass man auf jedes Detail achtet. Da gibt's eine gewisse Schwäche, die hat er von seiner Mutter, die ist auch nicht so stark in Details. Bei Mathias kommt also jetzt auch das spanische Wesen ein bissl heraus. Da sind wir natürlich ziemlich konträr veranlagt. Mich hat immer jedes Detail interessiert, und ich hab auch ein ganz besonderes

Gespür dafür entwickelt. Meine Stewardessen waren ganz perplex, wenn ich Kontrollrunden im Flieger gemacht und garantiert den Aschenbecher aufgemacht hab, wo der Kaugummi drin gepickt ist.

Das Rennwochenende in Monza mit der Nissan World Series ist übrigens gut gelaufen für Mathias. Im ersten Lauf hat er die Pole nur um drei Hundertstel versäumt und ist dann Vierter geworden, im zweiten Lauf war er sogar Dritter. Natürlich hab ich nach dem Training mit dem Lukas telefoniert, wie immer. Da erzählt er mir alles haargenau, ich geb meinen Senf dazu, und wenn etwas nicht ganz klar ist, gibt er mir den Kleinen, wie er sagt, an den Hörer.

Der zweite Lauf hätte ja noch viel besser laufen können, aber Mathias hat Untersteuern gekriegt und irgendwelche anderen Probleme. Ich hab gefragt, weißt du, wo das Untersteuern anfängt? – Keine Ahnung. – Ich sag, das Untersteuern fängt damit an, dass man die Türen im Range Rover nicht ordentlich zumacht, weil man keinen Sinn fürs Detail entwickelt und daher in der Detailabstimmung eines Rennwagens einen Fehler macht.

Da hat er einen schweren Auszucker gekriegt, ich bin ein Vollidiot und das kann man überhaupt nicht vergleichen und so weiter. Ich hab gesagt, das kann man schon vergleichen, und überhaupt, wenn ein Mensch sein ganzes Gewand immer nur auf den Boden schmeißt, dann tut er sich schwer, beim Rennen die Übersicht zu haben. Das ist übrigens der einzige Punkt, was Rennfahren betrifft, wo auch Marlene meiner Meinung ist, denn sogar viele Spanier hängen die meisten Sachen in den Kasten.

Aber wir streiten deswegen nicht. Ich sag, ich kann dir das nur so erklären, wie ich es sehe, und du musst selber entscheiden, wie du's machen willst, ob du dich von Mal zu Mal verbessern willst oder nicht. Das hat er dann sogar eingesehen und gesagt, er wird an sich arbeiten. Die Türen vom Range Rover waren zuletzt super zu, aber das Zimmer hat ausgeschaut wie immer.

Wir wissen mittlerweile, dass Niki recht hatte: Mathias wurde ein hervorragender Rennfahrer, schaffte es aber nicht in die Weltspitze. Und es lag wohl weniger am Türenschließen des Range Rover als am allzu späten Karrierestart. Seine eindrucksvollsten Leistungen erbrachte Mathias im Langstrecken-Team von Aston Martin. Er wurde zu einer fixen Größe im internationalen Rennsportzirkus und als Experte bei ServusTV.

GROSSE FUSSSTAPFEN

Mathias Lauda (geb. 1981) startete 2002 als vom Vater beglaubigtes Talent mit dem Rennsport (zwei Rennen Formel VW, ein Start spanische F3-Meisterschaft, komplette Saison Formel Nissan 2000 / 12. der Gesamtwertung). Mathias blieb der Monoposto-Klasse vorerst treu: 2003 in der Formel 3 (Weltserie Light, Gesamt-8.), 2004 in der F3000 (ein zweiter Rang in Jerez), 2005 und 2006 in der Nachfolgeserie GP2 (Platz 6 Monaco) und A1 Grand Prix (zweimal Platz 7).

Der Wechsel zu Rennwagen mit Dach kam 2006: vier Saisonen in der DTM für Mercedes (beste Platzierung 6. Montemeló/2007), 2010/2011 Porsche Supercup (10. Abu Dhabi 2011) und 2012 Tourenwagen mit einem BMW Z4 (Platz 3 Slowakei).

Auf eine Auszeit folgten 2014 NASCAR Euro Serie (ein Sieg, Tours) und ADAC GT Masters sowie ein Zwischenstopp in der MRF Challenge Formel 2000 (ein Sieg). Ab 2015 fand Mathias seine wahre Liebe und fuhr bis 2020 erfolgreich für Aston Martin in der Langstrecken-WM (13 Siege) mit gelegentlichen Schlenkern zu anderen Marken (Mercedes, Chevrolet, Ferrari). Seit Juni 2021 arbeitet Lauda als Formel-1-Experte bei ServusTV.

Lukas Lauda (geb. 1979) gründete 2002 eine Agentur für Sportmanagement, um seinen Bruder Mathias zu betreuen. Aktiv Rennsport betreibt er seit 2022, infiziert von Heinz Kinigadner: Dem Debüt bei der World Rally-Raid Championship in Marokko (mit Navigator Stefan Henken) folgte Platz 3 bei der Hellas Rally und ein Sieg bei der Tuareg Rallye, 2023 belegte Lukas bei der Rallye du Maroc Platz 13. Ideale Vorbereitung für die Dakar: Mit einem CanAm-Maverick-Buggy erreichte Lukas 2024 in der Challenger-Klasse T3 in Saudi-Arabien Platz 15.

IM WEINBERG

Ihm war ein Hund zugelaufen,
beim Joggen. Aha.

Felix, Flat Coated Retriever, wollte nicht schwimmen.
Shivas, Golden Retriever, wollte das immer.

oerlikon
enabling high technology

A

Abgesehen vom *glücklichsten Jahr* seines Lebens laut seiner eigenen Bilanz (Marlene undercover, Ibiza-Erleuchtung, erstmals Weltmeister), also abgesehen von 1975, kommen eher die Tage der Gelassenheit in den Vordergrund. Niki hatte zwar einen Durchhänger nach dem verkorksten Jaguar-Job, später aber eine entspannte Zeit. Er war ein halbwegs gesunder Mittfünfziger und lebte quasi allein in einer sehr gefälligen Villa in den Weinbergen oberhalb des Kaasgrabens in Wien. Er hatte seine Ruh, soweit er das wollte. Er hatte ein Büro am Flughafen, die Geschäfte liefen ohne Stress, sein Lebensmensch Marlene war gut aufgehoben in Barcelona, Mathias führte eine überschaubare Motorsportkarriere, sein Bruder managte ihn. Niki hatte seinen Freundeskreis und ließ sich eher selten herzeigen, staatstragend oder nur nach Gusto. Für knappe TV-Kommentare war er zu haben. Wir zwei gingen einmal in vierzehn Tagen ins Imperial frühstücken und manchmal eventuell auf ein Naturschnitzel zum Pöschl.

Dann passierte etwas, das ich anfangs nur häppchenweise serviert bekam. Ihm war ein Hund zugelaufen, beim Joggen. Aha.

Und?

Niki sagte, dass er sowieso immer den Einserschmäh aus dem Tierreich parat habe: *Ja so was, so ein fescher Hund, ja wem g'hörst denn du?*, und erblickte zufällig Birgit am anderen Ende der Leine. Nun war die junge Dame keine Unbekannte, man kannte einander aus der Firma, nicht aber im privaten Geläuf der Weinberge.

Mit einfühlsamen Kunststücken demonstrierte Niki seine Tierliebe, stellte die überraschende Frage: *Ja wie heißt denn du?*, und erfuhr, dass es sich um Shivas handelte, einen fünfjährigen Golden Retriever. Niki hatte immer schon ein Herz für Tiere: *Ich hab ja früher immer einen Hund gehabt, aber irgendwie war das so wie mit den Kindern, ich bin entweder gekommen oder gegangen, es war ja kein normales Leben.* (Als Freund auch im früheren Leben erinnert man sich vor allem an Baghira in Salzburg, koksfarben, ein Kalb von einem Hund, sehr nett.)

Jetzt allerdings – was gibt's Anmutigeres als ein fesches Tier, das die Reihen der Rebstöcke entlangschnürt? Jedenfalls passierte es, dass Shivas nach einigen Monaten die durchaus hundefreundliche Anlage über dem Kaasgraben in Besitz nahm, und zwar nicht ungern, sagte Lauda.

Birgit und Niki haben 2008 geheiratet.

In den folgenden Monaten bekam das Leben mit Shivas (und Birgit, quasi automatisch) eine eigene, fast bürgerliche Qualität. Damit tauchte auch die Frage auf, ob man nicht noch einen kleineren Hund dazunehmen sollte, damit dem Shivas nicht fad wird.

Nach langen Internet-Stunden kreiste man innerhalb der Retriever-Gruppe den Flat Coated Retriever ein, diese Rasse gibt's in Schwarz oder Braun.

Die Züchterfamilie Raba in Oberwart war freundlich wie zu jedermann, von der Prominenz des Besuchs aber herzlich unbeeindruckt. Niki und Birgit wurden verhört wie alle anderen Welpen-Interessenten. Nach bestandener Prüfung wurden noch regelmäßige Besuche während der Babyzeit eingefordert, nach acht Wochen durfte Felix erstmals Autofahren und Shivas kennenlernen. Der adoptierte den kleinen Knuddel sofort, damit waren alle happy.

Als ich ihn zwischendurch traf, vertraute mir Niki etwas an, nicht ohne Stolz:

Ich bin ein Hundeflüsterer.

Was heißt das?

Ich verstehe Hunde, und Hunde verstehen mich.

Zum Beispiel?

Sie folgen mir auch in schwierigen Situationen, weil ich mich einfühlen kann.

Wie darf man sich das vorstellen?

Der Felix, zum Beispiel, hat sich im Laderaum des B-Mercedes den Schwanz ein klein bisschen eingezwickt und …

Moment. Hat er selber die Heckklappe zugemacht?

Nein, ich hab sie zugemacht, aber nur ganz sanft …

… das heißt, der große Hundeflüsterer hat dem Hund den Schwanz eingezwickt …

… nur ein bissl, und er hat auch nur ganz leicht gefiept. So ungefähr (Lauda fiept ganz leise), *aber danach ist er nie wieder ins Auto gesprungen. Nicht um die Burg. Er hat sich auf den Boden gelegt, auf den Rücken gedreht, mit jeder Bewegung gezeigt: Da hupf ich nicht rein.*

Und wie hast du diese unglaubliche Situation gemeistert?

Ich hab ihm einen anderen Laderaum angeboten, den vom M. Da wollte er auch nicht hinein. Aber ich hab so lange mit ihm geredet und ihm immer mehr Leckerlis hingeschoben, bis er endlich gehupft ist. Jetzt hupft er wieder, Gott sei Dank. Der Shivas hupft sowieso.

Hast du dem auch den Schwanz eingezwickt?

(Ärgerlich:) *NEIN.*

Issjagut.

Shivas will schwimmen gehen, mag aber nicht allein. Felix verweigert. Er ist beim ersten Splash untergegangen und hat seither ein Trauma, der Flüsterer hat da noch viel Arbeit. Also muss Lauda ins Becken. Wäre ja urpeinlich für den Hundeflüsterer, wenn just ein Retriever das Wasser scheut, dann müssen wohl beide gemeinsam zum Psychiater, und Birgit lacht sich einen Ast. Vorher gibt es noch alle Chancen eines heißen Sommers.

Birgit und Niki haben 2008 geheiratet. So hatten die Tiere die Sicherheit einer bürgerlichen Familie, auch Felix lernte schwimmen, und Shivas schwamm sowieso, auch allein.

Oberhalb des Kaasgrabens in Wien-Grinzing

FREUNDE

Die Hetz ergibt sich einfach,
die lässt sich nicht planen.

Mit Attila Dogudan in Saigon

parmalat

CHRONOGRAPH
HEUER
Marlboro
Agip

Niki Lauda und Gerhard Berger überschnitten sich 1984 und 1985 mit ihren aktiven Karrieren, die Freundschaft entwickelte sich in den ruhigeren Jahren.

A

Als Lauda schon ein bunter Vogel war, gab er öfter flapsige Sprüche von sich, sehr kompakt, weil er vielleicht am Tag eh schon genug geredet und keine Lust zum Weiterreden hatte. Auf die Frage nach seinen besten Freunden sagte er, er habe überhaupt keine Freunde. Aus, basta, das ersparte eine Menge weiterer Fragen, und weil es beim ersten Mal so wunderbar funktioniert hatte, blieb er für die nächsten fünfzig Jahre dabei.

Natürlich hatte er Freunde. Niki war aber nicht der Typ für tief erlebte, bedingungslose Freundschaften, für gefühlte Blutsbrüderschaften. Die Ausnahme war wohl Bertl Wimmer. Auch Attila Dogudan, Gerhard Berger und Hannes Rausch hatten Langzeitbeziehungen, siehe später.

Heinz Kinigadner, Hannes Jagerhofer, Karl-Heinz Zimmermann, Albi Clary gehörten zu allen Zeiten zum engeren Kreis seiner echten Kumpels. Gernot Schaffler war ein Freund der späten Jahre. Im letzten Jahrzehnt war die Freundschaft zu Toto Wolff besonders tiefgehend.

Im Zusammenhang mit Freunden taucht bei Niki oft der Begriff Schmäh auf. Ich weiß nicht, wo da die Sprachgrenze verläuft, in Innerösterreich schon oder in Bayern, um zwischen zwei Bedeutungen des Worts zu unterscheiden. Schmäh haben oder Schmäh machen. Im einen Fall geht es um den sympathischen, oberflächlichen Grundton der Lebensart (verwandt wäre, *scusi*, etwa die italienische *leggerezza*). Diese Färbung des Grundtons kann die Stimmung eines ganzen Tages tragen, in der anderen Bedeutung könnte man es mit einer Bereitschaft zum Tricksen verwechseln. Wir reden jetzt immer nur vom sympathischen Schmäh, vom Lebenswitz.

Es sei mal in den Raum gestellt: Niki hatte wenig intrinsischen Schmäh. Die ganz normale Hetzigkeit, die ihm das Leben verzierte, steckte nicht in ihm selber drin. In Wien würden wir sagen: Er hat sich nicht selber eine Hetz gemacht, sondern suchte ganz gern einen Trigger, um abseits von Sport und Business auf gefällige Betriebstemperatur zu kommen. Zitat aus unserem Gespräch von 1999: „… klingt so, als wäre die wichtigste Eigenschaft deiner Freunde, dir den Kasperl zu machen.“ *Nein, nein, die Hetz ergibt sich einfach, die lässt sich nicht planen. Aber es liegt ja in der Natur von Freunden, dass sie dir etwas geben, das dir abgeht, und wenn es in umgekehrter Richtung auch funktioniert, dann klappt es eben.*

Bertl Wimmer und die Laudas, immer wie eine Familie

Manchmal hatte Niki erstaunlich geringe Abwehrreflexe gegenüber Menschen, die sich im passenden Umfeld an ihn schmissen. Der Stammtisch im sozusagen Kirchenwirt bei St. Stephan war wahrscheinlich die günstigste Plattform für näherrücken wollende Bekannte. Man konnte sich qualifizieren, indem man Ernsthaftes zur Diskussion brachte oder aber auch irgendeinen Schwachsinn redete, der für drei Minuten als witzig empfunden wurde.

Im geschäftlichen Umfeld gab es durchaus Beziehungen, die unsereins nicht verstand, da ging es um Nützlichkeit. René Benko und weitere berühmte Investoren durften sich durchaus eine Zeitlang zu Laudas Freundeskreis und manchmal zu den Gästen auf seinem Boot zählen.

Man darf das nicht mit einer anderen Kategorie verwechseln, den Zeiträubern am Rande von kleinerem Business. Bei Geschäftsessen, Branchentreffs und solchen Gelegenheiten konnte Niki durchaus unhöflich sein. Sobald man auf den Punkt gekommen war, verließ Lauda den Tisch, Herrschaften, danke.

Mit Journalisten konnte er grundsätzlich gut. Helmut Zwickl, Heinz Prüller, Gerhard Kuntschik, der früh verstorbene Dieter Stappert hatten jederzeit Zugang zu ihm. Den Schweizer Roger Benoit liebte er, der super vernetzte Engländer Maurice Hamilton war ein gern gesehener Kumpel. Selbst mit dem armen Kerl, der bei „Bild“ Schauergeschichten ablassen musste, ging er freundlich um, ihm war klar, wie der Apparat funktionierte. Er ließ dem Mann zweimal exklusive News-Goodies zukommen, um dessen Standing in der Redaktion zu verbessern.

In der Formel 1 gab's zu Nikis aktiver Zeit keine echten Freundschaften mehr, keine Rede von gemeinsamen Urlauben, wie sie noch aus der Jackie-Stewart-Zeit überliefert sind. Abgesehen von Marksteinen wie Gerhard Berger und Toto Wolff führten aber gute Strahlen über die Jahre hinweg zu Luca Montezemolo, Bernie Ecclestone, Nelson Piquet, Michael Schumacher, Lewis Hamilton.

Eine ganz eigene Bedeutung hatte die Freundschaft mit Willi Dungl, davon ist in diesem Buch öfter die Rede.

Unterschätzt wurde die Beziehung zu Dietrich Mateschitz. Sie konnte nie so eng sein wie die zwischen Didi und Gerhard Berger, die waren ja Kumpels der ersten Stunde, machten bloß keine Story draus, wie es für den Red Bull-Chef als auch für den Tiroler normal war, Privates sehr diskret zu belassen. Das galt dann auch für Didi-zu-Niki, als die beiden einander auf der ganz normalen österreichischen Schiene der Ereignisse näherkamen. Sie gingen respektvoll miteinander um, hatten auch immer wieder gemeinsame Themen. Einen entscheidenden Zeitpunkt ließ Mateschitz verstreichen: Lauda war 2003 frustriert durch seinen Hinauswurf bei Jaguar und den Sinkflug seiner Airline. Er wäre gern Teil des neu zu startenden Red Bull Racing geworden. Dies wäre natürlich jener „Berater"-Job gewesen, aus dem Helmut Marko in zwanzig Jahren das Optimum gemacht hat.

Warum Didi damals nicht Niki ins Boot geholt hat? Keiner der beiden hat's mir beantwortet. Wenn ich raten sollte: Vielleicht war es der allzu große Name Lauda, der sich über das Startprojekt gelegt hätte. Vielleicht war's auch Mateschitz' Einschätzung, dass Marko für diesen Job den subtileren Zugang haben würde, ganz unabhängig vom Schatz an Szene-Beobachtungen des superkundigen Grazers. Dem herzlichen Umgang von Didi mit Niki bis zum Ende hat das Nicht-Zusammenfinden jedenfalls nicht geschadet, und alles blieb immer im privaten Schrank der Diskretion – im Gegensatz zu jener Seitenblicke-Popularität, der sich Lauda gerade in jenen Nullerjahren nicht entzog.

Also: Wir wollten von Freunden reden.

Bertl Wimmer, neun Jahre älter als Niki, kam aus St. Koloman im Salzburgischen und der Welt des Motocross. Er arbeitete für KTM, lernte Lauda übers Motocross kennen und hatte jene Art von erdiger Fröhlichkeit, die den Niki sofort antörnte – *ist als Landfreak aus dem Wald gekommen und hat mein stressiges Formel-1-Leben um die Lustigkeit be-*

reichert. Der Bertl hatte ein natürliches Empfinden der Dinge, das bei mir als Großstadtmensch schon überlagert war von irgendwelchem Schutt.

Das trifft es schon recht gut. Aber es hätte nicht funktioniert, wenn Bertl (für unseren Kreis war er eben immer der Bertl, höchstens der Wimmer-Bertl, insgeheim hieß er Rupert), also es hätte nicht funktioniert, wenn dahinter nicht eine komplexe Persönlichkeit mit einem Riesenherz gestanden wäre. Bertl war bei fast allen Rennen mit Nikis Flieger dabei, hatte vollen Familienanschluss (da war Marlene, dann Lukas und Mathias, inzwischen hatte Bertl einen Sohn, dessen Taufpate wäre Niki gewesen, aber der sagte, er sei zu alt, also stand sein Sohn Mathias parat, ein sehr junger Pate). Einmal hatte Bertl seinen Pass im New Yorker Hotel vergessen, Niki musste einen neuen Slot für den Learjet beantragen, einen größeren Liebesbeweis konnte man sich im Lauda-Umfeld kaum vorstellen.

Niki und Bertl hielten einander die Treue bis zuletzt. Beide waren am Ende schwer krank, Rupert Wimmer starb zwei Monate nach Lauda.

Attila Dogudan hatte eine Art Partyservice, den er Do & Co nannte, als er 1986 im Take Five in Wien dem Niki Lauda über den Weg lief. Dogudan war 27, zehn Jahre jünger als Niki. Lauda war damals erfolgreich in der Rennerei, aber unglücklich über den Zores der jungen Lauda Air, bei der vieles nicht klappte, auch nicht die Bordverpflegung. Niki hatte einen Satz aus jener Nacht lang in Erinnerung: *Können Sie mir ein g'scheites Essen liefern, das nicht nach Kerosin schmeckt?*

Dogudan konnte. Gemeinsam schaukelten sie sich hoch. Beide waren Fanatiker in ihrer Detailpräzision.

Wenn das Schnitzel Flachsen hat, ruf ich in Lissabon den Attila an und sag: Wieso hat in der Lauda Air das Schnitzel Flachsen?

Das verblüffend gleichartige Talent zur besseren Leistung befeuerte die Geschäftsbeziehung, langsam wuchsen die beiden näher zusammen, bald mit Außenstationen in Amerika, Asien und Australien, und wenn der Kaffee in Miami keinen Schaum hatte, war es ein persönliches Thema für sowohl Lauda wie Dogudan.

Die beiden hatten während der ersten zehn Jahre praktisch jeden Tag miteinander zu tun, und da sie sich nicht rechtzeitig erschlagen haben, musste es wohl Freundschaft werden. Die Sommersitze auf Ibiza waren hilfreich, ein gemeinsames Boot noch zusätzlich. Niki fand es wunderbar, dem patscherten Attila das Bootfahren beizubringen und wie man ab- und anlegt. Es begeisterte Niki, wie ein grandioser Macher die einfachsten Dinge der anderen Welt nur mit Hängen und Würgen kapiert, das perfekte Unterhaltungsprogramm für einen Sommertag. Niki hat es einmal so zusammengefasst: *Der Attila ist ein kreativer Mensch, der mit allen Schwächen eines kreativen Menschen ausgestattet ist und deswegen so liebenswert ist. Von den Persönlichkeiten her ergänzen wir uns einfach. Ich habe gewisse Vorteile, und er hat gewisse Vorteile, die sich nicht im Weg stehen.*

Übrigens, wenn Leute wie Berger, Lauda, Dogudan von einem Boot reden, darf man sich ruhig eine kleinere, dann auch ausgewachsene Yacht vorstellen, zwischendurch auch eine sehr ausgewachsene Yacht.

Auch hier gab's Familienanschluss, jedenfalls in der Ibiza-Zeit des Jahres. Niki hat die Dogudan-Söhne aufgeklärt, das hat ja irgendwie rituelle Bedeutung. Dem jüngeren, mit neuneinhalb, hat er auch drei „Playboy"-Hefte geborgt. Geborgt!, so hat der kleine Marius gleich gelernt, dass man mit Ressourcen sparsam umgeht.

Die Männerfreundschaft wurde immer wertvoller, Attila war in den schwersten Monaten neben der Familie die wichtigste Person Nikis zur Außenwelt. Der gute Geist des Freundes und dessen leise, umso effizientere Art der Regie war, neben den Talenten des Dompfarrers, mitgestaltend für den würdigen Ablauf der Abschiedsfeier im Wiener Stephansdom.

Berger war zehn Jahre jünger als Lauda. Als Gerhard in der F1 auftauchte, holte Niki gerade seinen dritten WM-Titel. Er trat bald zurück, blieb aber in wechselnden Jobs im Grand-Prix-Feld, sodass die beiden eine lange gemeinsame Zeit in der Szene hatten. Als Berger verschwand, sagte Lauda: *Gerhard wird mir im Zirkus fehlen, persönlich, als Freund und magnetischer Fixpunkt jedes Grand-Prix-Weekends. Wir funktionieren auf der gleichen Wellenlänge und haben ein gutes österreichisches Gespann abgegeben.*

Wohl wahr. Niki schätzte Gerhard als Rennfahrer, noch mehr aber dessen Rolle als zentrale Figur im System. Wesentlich in der Formel 1 der Ecclestone-Jahrzehnte war die Kommunikation zwischen Bereichen, die heute durch das Marketing-Diktat zusammengewachsen sind, in Nikis Sprache: zwischen Companies und Zirkuskindern. Es gab im ganzen internationalen Umfeld niemand, der besser vernetzt gewesen wäre als Berger, und Lauda bewunderte die Cleverness und Klarsicht, mit der sein Racing-Kumpel diesen Job machte, für den es keinen Namen gab.

Nikis Bewunderung für Berger bezog sich auch auf dessen Lebensart, die so viel entspannter war als die eigene. Dann brach die Idylle zusammen, stattdessen zog ein Rosenkrieg auf, der zu emotionalen Dramen führte, die auch Hollywood verblüffen würden. Lauda war vom Blitz getroffener Zaungast und erlebte, wie Berger fast von einem großen Loch verschluckt worden wäre. Na ja, Luxus hilft, die Racing-Kumpels hatten eine Yacht gemeinsam und machten das Beste draus, nehme ich an. Es ist hier schon öfter von Diskretion geredet worden. Das Leben an den besseren Plätzen des Mittelmeers fand jedenfalls nicht in den Seitenblicken statt. Auch Gerhard gehörte in den letzten Monaten von Laudas Krankheit zum engsten Kreis.

Rausch, Jahrgang 1945, ist in der seriösen Malerei als Johann Rausch zu finden. Für uns war und ist er Hannes, für Lauda sogar der Hansi.

Er war ein Jungstar der Werbeszene in Wien und sollte in den 1970ern bei der Ersten, die damals noch Spar-Casse im Namen hatte, eine Kampagne mit Niki Lauda aushecken. Wenn man Niki dazu befragte, kam ungefähr heraus: *Ihr gebts mir eine Million, und ich stell mich auf einen Berg und schrei: DIE ERSTE, DIE ERSTE!*

Aber es sollte halt doch einen Hauch subtiler sein, und beim ersten Gespräch in Amerika kamen Lauda und Rausch gleich auf Wellenlänge – und dass es Wichtigeres gab als die Bank. Man stieß auf ganz andere Ideen. Als Beobachter sage ich mal: Nikis Kreativität wurde zum ersten Mal angezapft. Ob da zuvor vielleicht auch Mariella Reininghaus etwas versucht hatte? Es wäre naheliegend gewesen, aber wenn es so war, haben weder wir Kumpels noch die Welt davon erfahren.

Rausch jedenfalls wirkte erhellend auf Lauda. In einer versunkenen Epoche, als man mit Sneakers noch die Welt verblüffen konnte, tauchte Niki mit einem roten und einem blauen Turnschuh im österreichischen TV auf. Solche Marotten hatten ihren Platz, aber wichtiger waren die ernsthaften Bausteine ihrer Fantasie. Lauda wollte Hannes bald bei jedem Grand Prix dabeihaben, zum G'scheitreden und Hetzhaben. Später wird man sagen, Rausch, als Grafiker und Künstler, hat sein kreatives Denken in Nikis mechanische Welt hineingetragen und ihm die Augen geöffnet für Schönheit und Visionen. Das klingt ein bissl geschwollen, aber es stimmt schon.

Je mehr sich Niki in die Fliegerei hineinsteigerte, umso stürmischer geriet auch die gemeinsame Drachensteigerei der Ideen. Es gab noch kein Flugzeug außer dem Privatjet, aber Rausch skizzierte ein Jumbo-Leitwerk und malte ein rotes L hinein. So könnte das Logo einer kommenden Airline ausschauen. Wegen der Schräge des 747-Leitwerks sollte das L für immer diese gewisse Neigung haben.

Rausch war natürlich zur Stelle, als Niki vor dem Grand Prix von Kanada vom Wunsch überwältigt wurde, nie wieder blöd im Kreis zu fahren. Die beiden flogen direkt nach Long Beach, um nach kürzester Voranmeldung Pete Conrad zu treffen, Vice President von McDonnell Douglas, um eine DC-10 für die Lauda Air zu kaufen. Wie wir wissen, war die DC-10 doch eine Nummer zu groß, aber im Endeffekt auch kaum größer als die 777 am Zenit aller gemeinsamen Visionen.

Hannes Rausch wurde Mastermind für alle gestalterischen Belange von Lauda Air, die in ihrer besten Zeit stilbildend für die internationale Airline-Branche wurde – vom Erscheinungsbild bis zum Service, wo auch wieder Attila Dogudan ins Spiel kam.

Natürlich wusste Niki, dass sein Freund dauernd malte. Wenn er im Hotel an die Zimmertür klopft, um Hannes zur Trainingssession abzuholen, *steht er nackert da mit dem Pinsel in der Hand.* Da kriegte er schon ungefähr mit, welche Art von Kunst da jeweils entstand, aber es interessierte ihn nicht … auf durchaus freundliche Art. Es kam einfach nix.

Rausch verweigerte sich total dem Kunstmarkt. Daher wusste nur er selber, was seine Kunst wert war und wie gut sie war. Wenn er doch eher zufällig etwas durchsickern ließ, waren es Werke, für die es kein Etikett gab. Selbst heute, nach einer großen Ausstellung im Grazer Joanneum, findet man sehr wenig im Netz.

Rausch sprach nie über die Kluft zwischen der Kostbarkeit seiner Kunst und der Unsichtbarkeit in der Öffentlichkeit. Dass er mit Niki darüber schon gar nicht reden konnte, tat ihm in der Seele weh. Endlich kam es dann doch zu einer Ausstellung, 1995 in der renommiertesten Galerie der Wiener Innenstadt. 38 Werke in Rot („Rouge Grenade") wurden gezeigt, die Wirkung war stark. Im sozusagen Hauptbild war rot-in-knallrot ein Totenschädel erkennbar. Rausch sagte damals dazu: „Das ist mein Schädel. Er fährt kopfüber durchs Bild, weil ich damit ausdrücke, so kurz ist das Leben."

Das Wichtigste, also: *Das einzig wirklich Wichtige* für Johann Rausch an dieser Jahrzehnte-Ausstellung war, dass sein Freund Niki endlich einmal diese Kunst erleben würde, dass er nicht ausweichen konnte, dass er den Beifall der Kunstfreunde erleben würde, dass er Zeuge eines ganz besonderen, wertvollen Tages sein würde.

Lauda hatte sein Kommen zur Eröffnung zugesagt. Eine gute Stunde später, als sich die Leute schon zerstreut hatten, kam er und hatte drei oder vier Satelliten im Schlepptau, frisch vom Kirchenwirt. Niki war natürlich höchst freundlich, aber es gab keinen großen Moment, überhaupt nicht, alles versandete im Schmähprogramm der Eskorte.

Hannes würde die Freundschaft nicht unter Laudas enttäuschender Haltung leiden lassen. Er blieb wichtigster Berater des Champs und malte, malte, malte. Es ist schwer, sein Werk zu beschreiben. Selbst allerklügste Galeristen landen bei Sätzen wie „Als Materialisierung von Zeit, der Darstellung des Verlaufs von Zeit und gleichermaßen Zeitlosigkeit entsteht so ein Dokument persönlicher Aufarbeitung".

Wenn ich auch was sagen soll: Die Bilder oder Objekte erwischen mich durchaus emotional, sind aber nur übers Hirn zu entschlüsseln. Schriften,

Botschaften spielen eine entscheidende Rolle. Wenn es ein geschmeidigeres Wort für Hirnlastigkeit gibt, sollte man es hier einfügen.

Hannes' übergroßer Wunsch war, Niki endlich einmal zu einem Atelierbesuch zu bewegen. Das Atelier im 7. Bezirk in Wien ist riesig, die versammelte Kunst kann einen schon umhauen.

Niki sagte endlich einen Besuch fix zu, er hatte zuletzt überhaupt ein bissl mehr übrig für Kunst. Bei der Terminsuche kam immer was dazwischen, aber man war schon ganz knapp dran. Dann gab's schon einen wirklichen Termin. Es war in jenem Sommer, von dem sich Niki nicht mehr erholen würde.

Hannes Rausch, Maler, Gestalter,
entdeckte die kreativen Seiten des Schulaussteigers.

AUTOS

Ein Gefühl für Maschinen,
fürs Sinnliche wie fürs Grausliche.

W 3027 P

Die wunderbaren kleinen Granitsteine der Wiener Höhenstraße, Mercedes-AMG GT von 2014

L

Lauda hatte einige Eigentümlichkeiten. Es war nicht so, dass er darauf stolz gewesen wäre, und man ist auch nur durch beiläufiges Fragen dahintergekommen, aber diese Eigentümlichkeiten: Die hatte er nun mal.

Er ist nie in seinem Leben U-Bahn gefahren, er wusste höchstens aus dem Kino, wie eine U-Bahn-Station unten aussieht. Er ist auch nie in seinem Erwachsenenleben Straßenbahn gefahren, es wäre ihm einfach nicht in den Sinn gekommen. Mit der Bahn fuhr er nur ein einziges Mal, weil man ihn in den ÖBB-Aufsichtsrat geholt hatte. Er fuhr von Wien nach Graz. Der Lokführer erzählte von seinem Beruf und erwähnte die fünf Selbstmörder, die ihm im Lauf der Jahre passiert sind. Nach dem ersten habe der Lokführer zum Psychologen gehen müssen, dann nimmer. Niki stieg nie wieder in eine Bahn. Aus dem Aufsichtsrat trat er aus.

Vom Gehen, gar Spazierengehen oder Wandern, hielt er nicht viel, vom Laufen noch viel weniger. Er war also ein sehr ernsthafter Automensch, weil er sonst gar nicht hätte existieren können.

Es war Teil meines Berufs, und immer vergnüglich, Autotests mit Lauda zu machen, sagen wir besser: Fahrberichte. Zweihundert Autos ungefähr. Teil der Prozedur war, jede Ausfahrt, über vier Jahrzehnte verstreut, mit einem kleinen Lunch oder einer Jause aufzuhören, und sei es bloß beim Sobieski am Würstelstand.

Niki hatte ein feines Gefühl für das Sinnliche wie für das Grausliche von Maschinen. Er sagte, dass er einen direkten Zugang zu deren Logik habe. Natürlich ist Warmfahren bei modernen Autos nicht mehr nötig. Niki fuhr trotzdem ganz behutsam an, als könne er dem Auto damit etwas Gutes tun.

Er fackelte nicht lang herum mit seinem ersten Kommentar zum neuen Auto. „Der lacht mit dem Hintern", sagte er beim Anblick des Shooting Brake. Lauda konnte sehr schnell die Wechselwirkung zwischen Design und Funktion ausdrücken. Schönheit adelt Technik. Man musste nicht in jedem Detail seine Meinung teilen, so viel räumte er ein, ein bissl knurrend.

Beim Thema Farbe wurde es eng mit der Meinungsvielfalt.

Eine Zeitlang hatte Niki eine Schwäche für den E-Smart.
Das legte sich wieder.

Schwarz macht sich zu wichtig und ist daher als Autofarbe nicht in der Auswahl. Im Grunde ließ er ja alle Farben gelten, solange sie graumetallic und die Autos gewaschen waren. Der Code „Mountain Grey Metallic" führt in die richtige Richtung.

Lauda machte kein Theater um Autos. Dass er sich eine emotionale Schwäche gerade beim Kinderfilm „Cars" erlaubte *(Tränen in den Augen*, sagte er), nun ja. Er selbst synchronisierte eine Rolle für die deutsche Fassung (den NASCAR-Helden Richard Petty, die Startnummer 43 für die Ewigkeit). Aber die Rührung hatte nichts mit seiner eigenen Beteiligung zu tun, sondern kam erst, als er bei der Premiere den Film im Ganzen sah. Es war die Art, wie durch die Zeichentricks menschliche Eigenschaften in den Autos dargestellt wurden, sie hatten, Überraschung!, eine Seele. Vielleicht musste er schluchzen, weil er daran dachte, was er seinen Rennautos alles angetan hatte, weniger den Straßenautos, da hatte er sittliche Reife gewonnen, im Vergleich viel früher als etwa Gerhard Berger. Jedenfalls muss bei den menschlichen Autogesichtern etwas Herzerwärmendes im Gemüt des Niki Lauda vorgegangen sein.

Eine weitere kleinere Schwäche von Rührung leistete er sich beim Mini, der natürlich nur als Cooper in Frage kam. Die früheste Erweckung geht auf die Bilder von der Rallye Monte Carlo zurück (Paddy Hopkirk, die volle Batterie der Zusatzscheinwerfer), es folgte die eigene Karriere, die einfach mit dieser geilen Schüssel anfangen musste. 1990, noch in der Rover-Epoche, wurde ein neuer Mini Cooper aufgelegt. Wir waren natürlich sofort unterwegs: *Wenn ich dieses Schlüsselchen sehe und angreife, kehrt sofort das ganze alte Mini-Feeling wieder: Man führt das Schlüsselchen in das Schlösschen, macht eine Vierteldrehung, zieht das Schlüsselchen ab und drückt ein liebes verchromtes Knöpfchen, zieht am Griffchen, und schon öffnet sich das Türchen. Hätten die Hersteller an dieser Sache irgendwas geändert, hätte ich ihnen das nicht verzeihen können, aber sie wissen wahrscheinlich ganz genau, dass gerade die unpraktischsten Fummeleien was Kultisches kriegen. Stell dir vor, du müsstest dem Mini ein abstraktes Neuzeit-Schlüsselgebilde einführen oder ihn gar per Infrarot anklicken – das ganze Auto wär zum Vergessen.*

Weitere Highlights, Lauda 1990:

Gut gefällt mir, dass der Drehzahlmesser ab 6.000 rot wird und bis 8.000 reicht; das passt zum Tacho, der mit 180 auch zur Maßlosigkeit tendiert.

Die Wischer haben das putzige Zahnbürstl-Format beibehalten, der vorn liegende Spritzwasser-Motor macht ein ulkiges Geräusch, das man oft hören möchte, so kommt man auf viele kurze Spritzer.

Die Hupe spricht wie Donald Duck.

Mehr Herzblut für ein Auto hat es bei Niki nie gegeben. Sobald der Mini mit Katalysator in Österreich ausgeliefert wurde, schaffte Niki zwei Autos für seine Söhne an, die allerdings erst 12 und 14 waren. Marlene war extrem sauer (wegen quasi null Knautschzone, das hat sich ja erst bei den späteren Minis gebessert), und überhaupt: dass vielleicht der Renn-Bazillus des Vaters darin gespeichert sein könnte. Wie auch immer: Die beiden Minis dämmerten in der Salzburger Garage ihrer Erweckung entgegen, hin und wieder wurde einer mit leerer Batterie auf der Wiese entdeckt, und als die Führerschein-Zeit näher kam, wünschten sich die Kids lieber einen affengeilen Ami-Pickup, damit würde man auch die Motocross-Maschinen transportieren können. Die Minis lösten sich auf in Nostalgie, und dort verschwanden sie.

Die Emotionen für den Porsche 911 (Bergrennen 1968, Dopplerhütte!) waren im Erwachsenenleben nicht wirklich tragfähig, und auch die ersten Gratis-Saisonautos (Capri RS, Sechser-Coupé von BMW) erlebten keine Verklärung in der Rückschau.

Erster Dienstwagen bei Ferrari war ein Daytona, den Niki immerhin *alarmierend schön* fand, vor allem von hinten. Die Schönheit half nichts, als der Daytona bei einem Autobahn-Unfall zerschellte. Vielleicht dachte man deshalb in der Firma, man müsse dem Niki das langweiligste Auto der ganzen Palette anbieten, das war der viersitzige 365 GT4. Niki hatte schon sehr früh keine Erinnerung mehr daran. Das Auto (zweifellos echt

Ungefähr dort im hügeligen Westen Wiens hat der junge Niki den Mini des Geflügelhändlers rausgeschmissen und damit seine Karriere eröffnet.

und ansehnlich) tauchte 2022 bei einer Auktion im Wiener Dorotheum auf und erzielte etwas über 200.000 Euro.

Ein 308 GTB als Dienstwagen riss den Champion auch nicht vom Hocker. Irgendwie fand er Ferraris im zivilen Verkehr anstrengend. Auf umständliche Zollvermerke ließ er sich erst gar nicht ein. Der Ferrari GTO, nach Ende der Karriere, war natürlich ein anderes Kaliber, wir erzählen die Story an anderer Stelle.

Zur Ferrari-Gage kamen neue Werbeverträge, und schon bald hatte Niki gefühltermaßen zu viel Geld (es war ein sehr vorübergehendes Gefühl). Er kaufte einen Jaguar XJ 12 und sogar einen riesigen Vintage-Bentley, der in England restauriert werden musste. Dazu noch eine Honda 900 und – erster Kontakt mit Bertl Wimmer – eine KTM. Mit dem Bentley fuhr er praktisch überhaupt nicht, *weil die Leute sonst glauben, ich bin der Udo Jürgens.* Das Wichtigste zu jener Zeit war übrigens das Autotelefon, mit dieser Ausstattung schaffte es sogar eine Alfetta (aus der Ferrari-Fiat-Familie) in die Garage. In den McLaren-Jahren mit Wohnsitz Spanien waren Autos nur zweitwichtig, danach musste frisch geplant werden.

Lauda hatte zwar fantastische Rennerlebnisse mit BMW gehabt (1973 mit dem Alpina-Coupé), aber irgendwie waren die beiden doch nicht füreinander bestimmt, man konnte das irgendwie spüren, ohne Erklärung. Trotzdem wollte sich BMW den Zugriff auf Lauda für alle Eventualfälle sichern, als man die Möglichkeit eines vollen F1-Einstiegs für 1989 vorbereitete. Niki war nicht als Fahrer vorgesehen, sondern als PR-Figur, ganz unverbindlich, dafür bekam er einen Vertrag und frische Ausstattung seines Fuhrparks. Der BMW-Vorstand beschloss eine andere Sportpolitik, Lauda war wieder frei.

Laudas Neigung für Mercedes begann in den 1990er-Jahren behutsam und unauffällig, wurde durch den Jaguar-Job unterbrochen, kam verstärkt wieder und wurde richtiggehend glaubwürdig, also abgesehen vom Business. Die Liebe gedieh vor allem auf dem Umweg über AMG, speziell über deren Starverkäufer, einen lebensfrohen Portugiesen, der uns schon deshalb imponierte, weil er dem Sultan von Brunei hundert AMG verkauft hatte, und sicher nicht die billigsten.

In dieser milden Phase des frühen Alters wusste Lauda ganz genau, was zu ihm passte: *Ich will das perfekte Auto, das zwar geht wie die Sau, aber ganz brav und manierlich daherkommt.*

Das harte Leben stellte ihn vor Entscheidungen auf die Art von SL 55 AMG oder E 55 AMG. Dem lammfrommen E würde man die knapp fünfhundert PS ja gar nicht so ansehen. Lauda quälte sich also ein bissl ab mit seinem Hang zum Understatement, aber irgendwann hatte er dem Argument von Birgit nichts mehr entgegenzusetzen. Er habe ja sein Geld brav versteuert, da dürfe man sich auf die alten Tag' ruhig auch in einer S-Klasse sehen lassen. Warum sollten sich die Leute daran stoßen, wenn das rote Kapperl mitten in Grinzing in einem ausgewachsenen Auto daherkommt? Das mochte auch dem Niki einleuchten.

Natürlich erlebten wir über die Jahrzehnte gemeinsam das Gedeihen der Elektronik und der Assistenzsysteme. Jedes Mal ein neues Versteckspiel mit Knöpferln und Radln. Da für Niki weder in Frage kam, einen Blick in die gedruckte Betriebsanleitung zu werfen, solang es sie noch gab, oder deswegen ins Kastl zu schauen, hatten wir auch Zeiten des kompletten Stillstands bei unseren Ausfahrten.

Irgendwann fiel mir die Frage ein, wann es eigentlich in der Formel 1 die erste Arbeitserleichterung gab. Es war die Servolenkung, *leider erst nach meiner Zeit. Ich hab mich noch mit unglaublichen Lenkkräften an einem kleinen Lenkrad plagen müssen. Es war logisch, dass irgendwann eine Unterstützung kommen würde. Nicht aber bei den Bremsen, da mussten die Jungs noch lange mit Elefantenkraft aufs Pedal latschen.*

Weil wir schon bei den alten Geräten sind: Was waren eigentlich die schönsten Autos der Renngeschichte?

Die Ferraris der 70er. Riesenflügel, Riesenreifen.

Die waren ja ziemlich hässlich, um ehrlich zu sein, ziemlich unproportioniert gegen alles, was da früher war. Aber Lauda ist damit Weltmeister geworden. Que bella macchina!, sagt ihm seine Erinnerung.

Der Kapperltausch mit dem Chronisten
am Ende einer Ausfahrt gehörte zum Ritual.

MAHLZEIT

Das Schnitzel aus dem Unterbewusstsein hat ihn ein Leben lang ernährt.

Niki hatte unkomplizierte Essgewohnheiten,
die auch im Lauf der Jahre nicht raffinierter wurden.
Essengehen mit ihm war eine lockere Übung.

VIESSMANN

N

Niki hat schon in jungen Jahren vom Unterbewusstseins-Schnitzel erzählt, das ihn ein Leben lang ernährt hat. Es geht auf 1964 oder 1965 zurück:

Wenn ich in den Ferien auf das Gut des Großvaters gekommen bin, hat es zwei Höhepunkte gegeben: das Fahren mit dem uralten Käfer auf den Schotterstraßen des Landgutes, wozu man keinen Führerschein brauchte, und zweitens das Schnitzel. Es gab eine junge Schnitzelköchin auf dem Gut, die ist eines Nachts in mein Zimmer gekommen und hat mich zum Rennfahrer gemacht. (Anm.: Die junge Köchin soll nach Nikis Erinnerung gesagt haben: „Aus dir wird noch ein Weltmeister, so schnell wie du bist.")

Abgesehen von der ausgelebten Schnitzel-Folklore war Niki, er hätte wohl nicht widersprochen, ein eher fantasieloser Esser. Im April 1976 änderte sich alles schlagartig durch das Erscheinen Willi Dungls. Es zählte nur noch jene Kost, die eh immer schon einleuchtend für einen ausgeglichenen sportlichen Körper war, nun aber mit jener Dungl'schen Selbstverständlichkeit und zusätzlicher Raffinesse, die alles leichter machte. Niki vertraute Willi vollends, außerdem schmeckte ihm das Zeug. Die Raffinesse des Speiseplans lag sicher im ausgetüftelten Detail, für den Tischgenossen war Salat überdeutlich erkennbar, morgens Joghurt. Etwa zehn Jahre lang, bis zum dritten WM-Titel, war das Schnitzel eher nur im Unterbewusstsein vorrätig.

Danach wurde die Dungl'sche Lehre etwas freier interpretiert. Marlene und die Kids lebten schon in Spanien, und durch den Lauda-Air-Job ergab sich sowieso ein neuer Rhythmus. Auf die 90er-Jahre geht das Imperial-Frühstück zurück, anfangs nur wegen verkehrstechnischer Gründe (am Weg zum Flughafen, wo das Lauda-Air-Büro war, Parkplatz direkt vor dem Hotel, sofern du der Lauda warst, oder ein Staatsgast). Dann stellte sich heraus, dass sie im Imperial Café auch knifflige Bestellungen beherrschten: Butterbrot mit Schnittlauch, geschabter Apfel im Joghurt, Ei im Glas, zwei Melange, macht 26 Euro vor der Inflation. Dann 50.

Wir trafen einander ein- bis zweimal im Monat zum Frühstück, meist beklagenswert zeitig aus meiner Sicht, Niki war Frühaufsteher.

Verglichen mit einem Leben in weit gesteckter Geografie, ziehen wir jetzt ziemlich enge Schleifen. Auswärtige Leserinnen mögen uns vielleicht

Die Suche nach dem besten Schnitzel hatte uns zum Steirereck am Pogusch geführt.

folgen nach Wien, wie es ein Dorf ist, mit dem hilfreichen Zusatz: Die erwähnten Lokale existieren noch – und sind angesagter als je zuvor.

Nikis Freund Attila Dogudan hatte im appetitlichen Do & Co am Stephansplatz einen schlicht gehaltenen Stammtisch parat. Lauda hielt das dortige Schnitzel (mit Reis oder Risipisi) für das beste von Wien, damit selbstverständlich auch der Welt.

Ich machte ihn unsicher, indem ich ihn zum Eckel in Sievering führte, das ist zwar in Wien, aber irgendwo doch am Land. Wir bestellten Schnitzel mit Erdäpfel- und Vogerlsalat, der einzig wahren Kombination aus meiner Sicht, alles andere sind Ersatzhandlungen von Unkundigen.

Eines Tages war das Naturschnitzel auf dem Tisch, vorerst nur als Thema und als Gerücht. Wir erinnerten uns, dass Willi Dungl gesagt hatte: Wenn's schon Schnitzl essen müssts, dann wenigstens ohne Panier.

Nur zweihundert Meter vom Stephansplatz betrieb der beliebte Volksschauspieler Hanno Pöschl das Immervoll in der Weihburggasse, es wurde auf Pöschl umbenannt. Die Spezialität des Hauses, um nicht zu sagen Signature Dish, war Naturschnitzel mit Reis, mittlerweile innenstadtberühmt. Die Abwanderung von Do & Co zum deutlich preiswerteren Pöschl hatte ihre Grenzen: Das Wirtshaus ist winters nicht beheizt, zumindest nicht fühlbar, dafür ist es immer voll, weil sich möglichst viele Leute aneinander wärmen, daher kriegt man keinen Platz, daher der

Wunsch nach einem Stammtisch. Der Wirt allerdings, der robuste und schmähreiche Volksschauspieler, verweigert, weil „prominent samma olle".

Es war jedenfalls ein Alarmsignal, wenn Lauda irgendeine Art von Schnitzel an einem anderen Ort als am Stephansplatz suchte. Es war das erste Mal seit fünfzehn oder so Jahren, seit sein Freund Attila die Hütte am Dom („Kirchenwirt" sagt der fesche Dompfarrer) aufgesperrt hat.

Es blieb uns nichts anderes übrig, als auf ein interessantes Testauto zu warten, um eine Ausrede zu haben, ein weiter entferntes Wirtshaus anzusteuern. Ein ausgewachsener Luxusliner kam gerade recht. Er hatte Extras, um die man anderswo ein Mittelklasseauto kauft. Darunter war die mögliche Abkühlung des vorderen Fußraums um drei Grad. Niki hielt das für sehr wichtig, denn der sicherste Platz für einen Hund ist der Fußraum vorm Beifahrersitz (der Beifahrer soll halt hinten sitzen), und die Extrakühlung wird hochgeschätzt von Hunden.

Wir hatten uns auf das Steirereck auf dem Pogusch geeinigt, ein ergreifendes Wirtshaus, so liebevoll und so überhaupt nicht g'spritzt. Das passt entfernungsmäßig (150 Kilometer südlich von Wien) und topografisch (flotte Autobahn, dann flutschende Hügel) und würde uns hoffentlich auch schnitzelmäßig nicht enttäuschen. Leider hatte Shivas absolut kein Interesse am Ausflugmachen, also blieb er daheim, ich durfte vorn sitzen, unten extra gekühlt.

Niki bestellt Wiener Schnitzel, muss aber erfahren, dass es nur Schweinsschnitzel gibt. Weil wir hier nämlich am Land sind, sagt Herr Reitbauer, und Kalbswiener ist für den Stadtfrack. Der Frack im Lauda bäumt sich auf und bestellt aus Protest Backhendl, ich frage höflich, ob ich vielleicht ausnahmsweise doch ein Kalbsschnitzel haben könnte, und siehe da, es ist möglich. Herr Lauda kostet von beidem und ist zufrieden, aber auch verunsichert: „Vielleicht hab ich dem Attila unrecht getan. Vielleicht hat er eh das beste Schnitzel." Außerdem, sagt er, gehört ein Wiener Schnitzel mit Reis, was ich fachkundig zurückweise. Das Steirereck brilliert mit Petersilerdäpfeln und Salat, wenn auch nicht mit Vogerlsalat.

Zurück fahren wir über die Veitscher Berge, das ist fantastisches Gelände und die Möglichkeit, den S 500 ein bissl swingen zu lassen.

Daheim wartet Shivas, an dem die Vorzüge eines drei Grad kühleren Fußraums vorbeigegangen sind.

Was für ein schöner Trip das war, sage ich, aber Niki ist ein bissl unrund. Er hat zwischendurch am Handy erfahren, dass sich unser Schnitzeltest bis zu Herrn Dogudan herumgesprochen hat, von der Immervoll-Vorgeschichte gar nicht zu reden. Attila is not amused, *UND ER IST TÜRKE*, gibt Niki zu bedenken.

Ich frage Niki, ob er die Tante-Jolesch-Geschichte von dem Wirten kennt, der einen Gast hinausgeschmissen hat, weil er Kaiserschmarrn mit Kompott bestellt hat. Der Schmarrn war nur mit Zwetschkenröster zu haben, worauf der Gast gesagt hat, ein Zwetschkenröster sei eh ein Kompott. Daraufhin ist er also hinausgeflogen, und der Wirt hat sich im Lokal drohend aufgerichtet und gesagt: „Es gibt immer noch welche hier, die behaupten, Zwetschkenröster sind ein Kompott. ABER ICH KENNE SIE ALLE."

Niki kennt die Geschichte nicht, ist nicht amüsiert. Ob ich am Abend was vorhätte?

„Nein, warum?"

Gehst mit mir ins Do & Co?

So begab es sich, dass Niki Lauda noch am selben Abend im siebenten Stock am Stephansplatz gesehen wurde, mit Heißhunger Wiener Schnitzel essend, und man hörte Wortfetzen wie „unglaublich, so zart", und „so eine goldgelbe Panier, das ist ja einmalig", ich durfte ihn nach der Beilage fragen, und er sagte laut, dass sie sich an der Bar umdrehten: „Sensationeller Reis. Mit Risipisi!"

Scheinheilig hatte er zuvor angeregt, ich solle mir ein Naturschnitzel bestellen. Ich tat wie befohlen.

Wie isses?

„Mmh."

Was heißt mmh?

„Okay."

Was heißt okay?

Daraufhin sagte ich ihm ungefähr: „Dies ist ein Naturschnitzel vom Kalb, sehr dünn, bei geringer Temperatur langsam gegart, dezent abgelöscht, mit einem Spritzer Zitrone, und es ist so zart, dass du nicht einmal einen Hauch von Fasern spürst, einfach köstlich. Natürlich ergibt das eine helle Sauce. Es ist eine sehr weltmännische Art, Naturschnitzel zu servieren."

Niki schien befriedigt.

Nach einiger Zeit, beiläufig:

Und beim Pöschl?

„Dort kommt's vom Schwein und in die heiße Pfanne, kriegt a bissl Farbe, bleibt a bissl picken, wird a bissl kruspelig an den Rändern, wird offensichtlich mit Suppe abgelöscht und kriegt a braunes Saftl. Das ist halt eher für die einfachen Leute."

Nikis Ohren, wenn sie das nicht schon vorher getan haben, rollten sich ein bissl ein, aber er blieb unbeteiligt und sagte kein Wort.

RUSH

Es beruhigte ihn, dass man sein Andenken nicht in der falschen Schublade ablegte.

Daniel Brühl war der Lauda-Darsteller im Kino. Vorbild und Schauspieler konnten gut miteinander.

HEUER

Agip
Ferrari
parm

Monza 1976 im Film, Daniel Brühl

R

„Rush", der Film von 2013, fühlt sich immer besser und zeitloser an, je öfter klassische Racing-Themen für Kino und Streaming neu gedreht und verkitscht werden.

Lauda hatte cool auf Hollywood gewartet, man kann das wirklich so sagen, es hatte immer wieder Anfragen gegeben, aber Niki hatte das Gefühl gehabt, vielleicht würde am Ende noch etwas richtig Großes kommen.

1985 war unser gemeinsames Buch „Meine Story" im geliebten Verlag Orac erschienen, es wurde in ein Dutzend Sprachen übersetzt, auch ins Japanische. Wichtiger aber war die englische Ausgabe im Stanley Paul Verlag unter dem Titel „To Hell and Back". Die Geschichte des Niki Lauda wurde also schon zu einer Zeit beachtet, als die Grand-Prix-Fangemeinde in Amerika noch sehr dünn war, kein Vergleich zu heute.

Als sich dann tatsächlich Hollywood, das richtig große Hollywood, bei Lauda meldete, war gleich der passende Name im Spiel: Regisseur Ron Howard, dessen „Apollo 13" zufällig einer von Nikis Lieblingsfilmen war. Zwei Oscars waren auch keine schlechte Empfehlung, und mit Peter Morgan („The Queen") war ein super Drehbuchautor am Start.

Dass Hollywood die eh schon tolle Lauda-Geschichte noch einmal dramatisch zuspitzen und würzen würde, war klar. Lauda bekam ein ungefähres Konzept zu lesen. Nach seiner Unterschrift hatte er dann keine Eingriffsrechte mehr, den Drehorten hielt er sich sowieso fern.

Für die Hollywood'sche Zuspitzung brauchte man sich nur an der Saison 1976 zu bedienen, da war alles drin, der Zauber von Ferrari, ein schillernder Gegner wie James Hunt samt der Vorgeschichte mit der Pop-Kulisse des jungen dicken reichen Lords als Teamchef, dazu Feuerunfall und Wiederauferstehung, eine schöne Frau sowieso. Um in Hollywoods Drama-Format zu passen, reichte das echte Leben Hunts als Vorlage, bei Niki wollte man die technische Coolness noch stärker herausarbeiten, das Ordentliche, das Pingelige. Um Marlene so richtig ins Bild zu bringen, bedurfte es einer neuen Erfindung des ersten Kennenlernens, es wurde eine brillante italienische Fahrsequenz anstatt einer Party bei Curd Jürgens.

Nikis Fahrkunst, also: wie sauschnell er war (und sicher nicht langsamer als Hunt), geht im Film ein bissl unter. Es wird eher gezeigt, dass eine gewisse Oberg'scheitheit in Technik und Vorbereitung Laudas wichtigstes Kapital gewesen sei. Dieses Klischee beschäftigte ihn noch einmal, als der Film fertig war. Es gab eine klammheimliche Extra-Vorführung der Rohfassung vorab in Wien, nur für ihn. Niki war ein bissl deprimiert, er hatte sich das irgendwie anders vorgestellt. Nach der Vorlage des Drehbuchs und dem Kennenlernen „seines" Darstellers Daniel Brühl war er ja begeistert gewesen, nun aber hatte er das Gefühl, als fader Kerl rüberzukommen, als Streber, als Oberlehrer. Der Vergleich mit der James-Hunt-Darstellung (so saftig, spontan, als wilder Hund) machte ihn grummelig, obwohl er damals kein Wort darüber verlor.

Ein paar Monate später war die echte Uraufführung in London. Lauda saß neben Bernie Ecclestone und kriegte im Verlauf der zwei Stunden mit, dass der alte Zyniker neben ihm durchaus angetan war, auch von der Art der Lauda-Darstellung. Als die Lichter angingen, sah sich Niki im Mittelpunkt der Gratulationen, und da wurde ihm klar, dass er beim Publikum eh gut angekommen war. Er war ja nun zeit seines Lebens wirklich kein Mensch, der an sich selbst gezweifelt hätte, umso überraschender die Freude darüber, dass man sein Andenken nicht in der falschen Schublade ablegen würde. Und die Gegenüberstellung mit James Hunt/Chris Hemsworth machte letztlich auch ihn, den Niki, noch einmal interessanter. Das alles war ihm halt doch nicht wurscht, auch wenn er es nicht leicht zugab.

Abgesehen von der recht ordentlichen Story und der tollen Rollenbesetzung sticht „Rush" vor allem durch die Qualität der Racing-Szenen heraus. Inzwischen wird ja das ganze Genre mit schlecht gemachten Racing-Szenen beleidigt. Wie ist es ausgerechnet bei „Rush" gelungen, das pure Racing so bemerkenswert gut ins Medium zu bringen? Das „Red Bulletin" hatte ähnliche Interessen wie ich und schickte mich zu einem Interview mit Ron Howard nach Los Angeles. Lauda hatte mich noch kurz vor der Abreise ermuntert: „Ron ist okay. Er ist witzig." Für Niki-Verhältnisse ist das ein Begeisterungsausbruch.

Es war ein schöner Trip. Howard, damals 59, hatte alle Ehren Hollywoods erlebt, die Oscars, Golden Globes, Emmy Awards. Als Regisseur, Produzent, auch Schauspieler war er seit Jahrzehnten eine zentrale Figur der Traumfabrik, easy, ein Darling der Community. Ich traf ihn in seinem Büro an der angesagtesten, unüberbietbaren Adresse von Beverly Hills, Blick auf die besseren Stockwerke des gewissen Hotels mit den unbezahlbaren Preisen. An den Wänden und Ablagen siehst du Sportzeugs und Familienfotos, dann aber doch die Trophäen des Business, eher locker hingenagelt als feierlich platziert. Der ganze Ron Howard hat nichts Glattes, Aufgesetztes an sich, er ist flink, sportlich, gut aufgelegt.

Ron Howard als Regisseur war ein wichtiges Argument für Lauda, seine Filmrechte an Hollywood abzugeben.

HERBERT VÖLKER: **Der Stoff „Formel 1" ist ein eher exotisches Thema für das große Film-Business. Kann das funktionieren?**

RON HOWARD: Wir haben keinen Film nach der typischen Hollywoodformel gedreht. Es wurde für uns zu einem Liebhaberprojekt. Es ist einfach eine von diesen tollen Stories, die der Sport immer wieder schreibt: ein Duell unter außergewöhnlichen Umständen. Außerdem dachte ich, dass es schon lange keinen wirklich guten Rennfahrerfilm im Kino gegeben hatte, der sich des Themas spannend, authentisch und respektvoll angenommen hätte.

„Respektvoll" ist ein feines Wort, das wir im Rennsport gut brauchen können. In den 1970er-Jahren war es lebensrettend. Es gab keine Elektronik, dafür wegfliegende Alu-Trümmer, und Sicherheitszonen existierten nicht einmal in der Fantasie. Wer rausflog, hatte eine 50:50-Chance, sich sehr, sehr weh zu tun. Heute kann einer ein Dutzend Mal von der Strecke fliegen und muss sich bloß ärgern.

Drum geben die 70er-Jahre auch den besseren Background für einen Rennfahrerfilm ab, ganz abgesehen von der tatsächlichen Story. So eine Konstellation wie Lauda gegen Hunt 1976 passiert ja auch im emotionalen Hype des Racing-Umfelds nicht jedes Jahr, nicht einmal im Jahrzehnt.

Und ich war der Meinung, mit der heutigen Filmtechnologie eine gute Chance zu haben, die damalige Zeit möglichst realistisch wieder aufleben lassen zu können.

Also digitale Hexenküche für die Rennszenen?

Nein, ich entschied mich dafür, den Stil der klassischen Rennfahrerfilme („Grand Prix", „Le Mans") nachzuahmen, ganz anders als die modernen Filme wie „The Fast and the Furious". Da machen die Kameras ja Sachen, die unmöglich sind. Die Physik passt da überhaupt nicht – unser Film sollte nicht so werden. Ich wollte etwas zeigen, das physikalisch korrekt ist, etwas, das die Leute akzeptieren können: eine stimmige Welt mit coolen Charakteren. Eine Welt, in die man eintauchen kann – aus der man nicht durch Regiekniffe gerissen wird.

Trotzdem: Wie kann man sich den Mix zwischen echt gedrehter Action und digitalen Zaubertricks vorstellen?

Für die Erschaffung dieser vergangenen Epoche haben wir alles an technischem Können, Erfahrung und Technologie gebraucht, was wir aufstellen konnten. Wir hatten Oscar-Preisträger quasi in jeder Position hinter der Kamera. Wir wollten authentisch sein – deshalb war es für mich auch eine ähnlich schwierige Herausforderung wie „Apollo 13" (1995, zwei Oscars, weitere sieben Nominierungen; Anm.). Diesmal mussten wir zwar nicht die Schwerelosigkeit glaubhaft simulieren, aber wir haben all die Rennen, all die Strecken nachgestellt – und das mit einem vergleichsweise schmalen Budget.

Dafür haben wir echte Rennwagen verwendet, historische Boliden, die uns von ihren Besitzern für den Dreh zur Verfügung gestellt wurden – was wirklich toll war. Die schwierigste Übung war das tatsächliche Drehen der Hochgeschwindigkeitsszenen – mit Autos, die ein Vermögen wert sind und die du WIRKLICH nicht crashen möchtest. Wir haben auch ein paar Replikate gebaut und außerdem computergenerierte Wagen in die Szenen eingefügt, um das Starterfeld zu vervollständigen und Unfälle nachzustellen. Wir haben Archivmaterial verwendet, unsere eigenen Szenen gedreht – und beide manchmal miteinander kombiniert. Und dieses Puzzle, die Rennen teilweise auf historische Strecken zu übertragen, war eine enorme cinematografische Herausforderung.

Wie sind Sie zu den Fahrern gekommen?

Wir haben Action-Profis aus England und Deutschland angeheuert und Fahrer aus der Grand-Prix-Szene dazugewonnen. Der bekannteste war Jochen Mass, es war toll, ihn dabeizuhaben. Er ist cool und easy.

Jochen hat erzählt, dass ihm dafür sein originaler 1976er-Marlboro-McLaren aus der Sammlung eines Privaten zur Verfügung gestellt wurde, er fand das toll. – Kommen wir zur Handlung des Films. Es geht um die Grand-Prix-Saison 1976 mit zwei dominierenden Figuren, James Hunt auf McLaren und Niki Lauda auf Ferrari. Die Sache wurde erst durch Laudas Feuerunfall auf dem Nürburgring „interessant", weil Hunt dadurch in der WM-Wertung aufschließen konnte und es zum Showdown im letzten Rennen, in Japan, kam. Guter Stoff, vor allem, wenn man die Konturen ein bisschen schärfer zieht: Sonnyboy gegen Streber, High Life gegen eisernen Willen, fesche Frauen all over the place, jede Menge Psycho durch Wiederauferstehung von den Fast-Toten, äußere und innere Beschädigungen, wo immer der Drehbuchautor den Geschmacksverstärker ansetzt. Nun gibt es ja „Persönlichkeitsrechte". Lassen wir einmal Hunts Erben beiseite, wie weit konnte Lauda in die Handlung eingreifen? Es gibt ja Szenen, wie sie sich in dieser Form sicher nicht abgespielt haben.

Peter Morgan ist einer der erfolgreichsten Drehbuchautoren der Welt. Er würde nie die kreative Kontrolle aus der Hand geben. Lauda wurde aufgeklärt, wie die Sache ungefähr laufen würde, und konnte Ja oder Nein zu einem Vertrag sagen. Er musste damit rechnen, dass ihm manche Details nicht ganz passen würden …

… dichterische, filmerische Freiheit …

… richtig, und Lauda hat dieser Freiheit zugestimmt, das heißt, er ist kaum bei den Dreharbeiten aufgetaucht und hat sich nicht beklagt, wenn er von einer Szene erfahren hat, bei der sich das Drehbuch doch deutlich von seiner Erinnerung entfernte. Manchmal fand er diese „neuen" Szenen ja auch wirklich gut, die waren notwendig, um das Feeling jener Zeit innerhalb weniger Minuten auszudrücken, damit der Zuseher sich im Film daheim fühlt. So hat Peter Morgan eine Szene geschrieben, wie man den vermeintlich schüchternen Jungen mitten ins Gemisch von Ferrari-Wahnsinn, Fan-Anbetung, Erotik und den Hard-Core-Thrill von Speed hineinholt …

… auf einer unschuldigen italienischen Landstraße …

… dort ließ sich der Kern des Ferrari-Zaubers erzählen, die zwei Jungs im Auto, die sich als Fans entpuppen, die ahnungslose Lady, dann voller Stoff am Pedal, als Niki das Steuer übernimmt, und so weiter. In Wahrheit hat Niki seine Freundin wohl auf etwas subtilere Art einkochen müssen.

Die Wahrheit war ja auch nicht schlecht. Lauda erzählt, dass er in Salzburg zu einer Party des Filmstars Curd Jürgens und dessen Freundin Marlene ging. Er kannte kaum jemanden und hockte irgendwo herum. Marlene, absolut weltfremd, was Racing betraf, hielt den jungen Mann immerhin für einen Sportler und sagte ungefähr: Ah, du bist doch ein toller Tennisspieler. Das hat dem Niki sehr gefallen und, na ja … dann ging's halt weiter, sehr behutsam.

Die Story, wie wir sie in „Rush" erzählen, ist eben noch besser, wunderbar erfunden von Peter Morgan.

Haben Sie zuerst Lauda getroffen und erst dann entschieden, „Rush" zu drehen?

Nein, es war bereits klar, dass ich den Film machen würde – sogar, wenn ich Niki nicht hätte leiden können. Aber ich hab ihn dann sofort gemocht, obwohl ich ihn vorher schwer einordnen konnte. Auf dem Papier kann man den Humor und Intellekt eines Menschen nicht erfassen – oder die Art, wie er Probleme löst, seine Denkprozesse. Das echte Treffen hat mich dann an die Astronauten erinnert, die ich bei „Apollo 13" kennenlernte. Das ist eine ganz ähnliche Kombination: Ein Mensch, der das Selbstvertrauen hat, sich selbst in eine gefährliche Situation zu bringen, und daran glaubt, dass er sie überleben kann – solche Leute strahlen immer eine gelassene Stärke aus. Das tut auch Niki. Er hat dieses Selbstvertrauen, das ein bisschen an einen Karate-Meister erinnert.

Niki wird begeistert sein. Karate-Meister, das hat ihm noch keiner gesagt. Das Treffen mit Lauda muss für Sie auch eine sentimentale Rückkehr nach Wien bedeutet haben …

… hier war mein erster Job im Filmgeschäft, „Die Reise". Ich war vier Jahre alt, ich bin ja dank meines Vaters im Filmzirkus aufgewachsen. Deborah Kerr spielte mit, ich erinnere mich aber vor allem an Yul Brynner. Er spielte einen Grenzoffizier während des Ungarn-Aufstands von 1956. Er konnte mit Kindern wunderbar umgehen. In einer Szene nimmt er ein Wodkaglas und zerbeißt das Glas. Zu mir sagte er: „Das kannst du im wirklichen Leben nicht machen – man kann kein Glas zerbeißen. Du würdest dir wehtun. Das ist kein Glas, sondern Zucker." Er ließ mich dann am Glas schlecken – und es schmeckte tatsächlich wie Süßigkeiten. Für mich war's wie auf dem Kinderspielplatz. Ich saß oben auf den Panzern – und echte Soldaten haben mit mir gespielt. Als ich gut fünfzig Jahre später Niki in Wien traf, musste ich die Highlights meiner Erinnerung abrufen, das Riesenrad – und ein Schloss wie das von Dornröschen.

Wie sehen Sie den Job, den die beiden Hauptdarsteller Daniel Brühl und Chris Hemsworth abgeliefert haben?

Ich bin entzückt, ehrlich. Daniel ist schon ein gefeierter Schauspieler, aber als wir in Deutschland drehten, habe ich gemerkt, dass die Leute neugierig waren, wie er Niki spielen würde. Bei Niki Lauda denkt man ja nicht sofort an Daniel Brühl. Für die Optik hatten wir Daniels Zähne etwas verändert und ein paar andere Kleinigkeiten – aber viel wichtiger war, dass er Niki kennenlernte. Der hat ihm viel über sich und die damalige Zeit erzählt. Daniel hat sich auch sehr bemüht, wie Niki zu sprechen, um seinen Dialekt richtig gut hinzubekommen. Nach dem Screening in Deutschland haben einige Leute tatsächlich geglaubt, dass Niki den Daniel synchronisiert hätte – aber natürlich hat er das nicht. Es zeigt einfach, was mit Daniels Talent und seiner harten Arbeit möglich war.

Und für Chris, den man hauptsächlich aus Action- und Fantasy-Filmen kennt, ist das ein echter Durchbruch – und Leute hier in Hollywood, die Teile des Films gesehen haben, bieten ihm nun schon ganz andere Rollen an: wichtige dramatische Rollen, neben seinen bisherigen Abenteuergeschichten.

Das Ende des Films mit Lovestory ist recht hollywoodmäßig, leicht kitschig überzuckert. Hätte die Wahrheit nicht gereicht – dass Niki sich im strömenden Regen des letzten Grand Prix überfordert fühlte, sehr verständlich kaum drei Monate nach seinem Nürburgring-Trauma? Niki ist nicht der Typ, der aus Liebe zu einer Frau eine Weltmeisterschaft hinschmeißt … und an dieser Stelle hat er sich wirklich über das Drehbuch gewundert. Das ist schon ein bissl „Casablanca" – mit wartendem Flugzeug und so weiter.

Na ja, zum Flughafen Tokio war er ja wirklich unterwegs. Und mir sagte er, dass er unter den widrigen Umständen dieses Rennens einfach nicht sterben wollte. Dafür gibt's eine Menge guter Gründe. Die Liebe zu einer Frau gehört dazu, jedenfalls im Unterbewusstsein. Niki lässt solche Sentimentalitäten nicht zu, aber im Film können wir das sehr wohl so ausdrücken. Er hatte eine Entscheidung zu treffen, und wir glauben, dass Marlene damit zu tun hatte. Das Publikum sieht das sicher auch gerne so, aber das hat nicht unbedingt mit Hollywood zu tun.

BITTE ANSCHNALLEN: SEHENSWERTES AUTOKINO

Ford v Ferrari (deutscher Titel „Le Mans 66 – Gegen jede Chance", 2019): Hollywoods Interpretation des Ford-GT-40-Dreifachsiegs von 1966. Mehr menschliches Drama als Autorennen.

One – Leben am Limit (2014): dokumentarische Reportage zur Formel 1 vom Beginn 1950 bis zum Tod Ayrton Sennas 1994. Schauspieler Michael Fassbender als Erzähler, Lauda, Andretti, Mansell, Schumacher und andere als Interviewpartner.

Senna (2010): Dokumentation über den genialen Brasilianer, der 1994 in Imola tödlich verunglückte. Wer den Film sieht, sollte Tränen zulassen.

Weekend of a Champion (1972): Roman Polańskis F1-Dokumentation über Jackie Stewarts 1971er-Start in Monaco. O-Ton Stewart: „It's cinema vérité and it showed how it was." Quasi nie im Kino gelaufen.

Le Mans (1971): mit und nach einer Idee von Steve McQueen. Spektakuläre Bilder vom 24-Stunden-Rennen 1970 (furios: die Startsequenz), Liebe zum Detail (Vollgas-Aufnahmen bei über 300 km/h), sparsame Handlung.

Grand Prix (1966): Monumentalfilm von Regie-Ass John Frankenheimer als Mischung aus Studioaufnahmen, realistischen TV-Bildern und seichter Rahmenhandlung. Viele F1-Fahrer spielen sich selbst, auch Jochen Rindt.

Un homme et une femme (deutscher Titel „Ein Mann und eine Frau", 1966): Oscar-prämierter Klassiker von Claude Lelouch, dem man verzeiht, dass Hauptdarsteller Jean-Louis Trintignant die Rallye Monte Carlo auf einem Ford Mustang gewinnt und auf Schnee die Reifen quietschen lässt.

KLAMOTTEN UND KLEINGELD

Bei Lauda entstand irgendwann das Gerücht, er sei so sparsam wie Rindt, das gefiel ihm, und er verhielt sich erwartungsgemäß.

Birgit hatte sehr behutsam begonnen, Niki an gehobene Garderobe heranzuführen.

NOVOMATIC
WINNING TECHNOLOGY

N

Niki sitzt im Imperial beim morgendlichen Einsermenü und ist passend angezogen. Rotes Kappl, hellroter Polarforscher-Anorak, Jeans mit blitzender Niete am Hosentürl. Immerhin Tod's Sneakers, eine Liebe für Jahrzehnte.

„So kannst aber net zur Oscar-Verleihung gehen."

Früher hätte er gesagt, *wieso net?*, aber seit er Birgit hat, oder sie ihn, ist er sozusagen aufgeschlossener.

„Du kleidest dich eher, ups, nachlässig, kann man das so sagen?"

Mag sein. Birgit hat vor einiger Zeit gefragt, ob ich mich nicht ein bissl besser anziehen könnte. Daraufhin hab ich gesagt, ich hab eh einen Anzug, einen grauen, seit 12 bis 15 Jahren, und den hab ich nur einmal angezogen, für eine Schumacher-Laudatio, glaube ich. Jedenfalls hab ich ihr also meinen einzigen Anzug vorgeführt, ich hab die Hose kaum zugebracht, aber, vor allem, es gab ein Mottenloch am Ärmel. Birgit: Du brauchst einen neuen Anzug. Mein kundiger Schwager, der Albi, hat gesagt, geh zum Knize (mit langem i und ganz weichem sch auszusprechen, jeder Wiener weiß das seit hundert Jahren; Anm.). *Knize war mir vertraut, weil mir meine Mutter, solang sie lebte, zu Weihnachten einen Knize-Gutschein gegeben hat, aber der hat immer nur für einen Pullover gereicht, man kann sich die Preise vorstellen. Zu teuer, hab ich also jetzt gesagt. Meine Berater haben gesagt, der Sohn des berühmten Schneiders sei günstiger, der hat sich kürzlich selbständig gemacht.* (Es hielt sich die Fama, der alte Schneider habe dem jungen Schneider die Frau ausgespannt, bessere Mundpropaganda kannst du in der Wiener Innenstadt nicht kriegen; Anm.) *Also sind wir zum Sohn des berühmten Schneiders marschiert, aber ein paar Meter daneben hat die gleiche Ware nur ein Drittel gekostet … du kannst dir vorstellen, wo ich gekauft habe.*

„Kriegst du keinen Promi-Rabatt?"

Nein. Der Sohn des berühmten Schneiders hätte mir eine Krawatte geschenkt, aber das hat nicht gereicht.

„Für die Oscar-Nacht wirst du aber einen Smoking brauchen."

Damit mach ich mich jetzt noch nicht narrisch (kluge Voraussicht, wissen wir später).

„Und Birgit? Sie wird doch sicher etwas Nettes anziehen wollen."

Ich sag ihr: ruhig bleiben, nix ausgeben.

Jochen Rindt war nur sieben Jahre älter als Lauda, aber irgendwie geraten da die Maßstäbe in der Erinnerung durcheinander, als wären Epochen dazwischen, nur nebenbei.

Von Jochen Rindt ist in ziemlich gesicherter Weise überliefert, dass er sehr zurückhaltenden Umgang mit seinen Ausgaben pflegte. Er hatte halt kein Geld eing'steckt, im Moment nicht oder eh nie.

Im ORF wird jetzt schon in dritter Generation die Geschichte weitergegeben, dass ein begeistertes Viererteam (Redakteur, Kameramann, Assistent und Tonmeister, so war es vorgeschrieben in den alten Tagen) es geschafft hatte, zur Bahamas Speed Week zu reisen. Es war ja nicht ganz unsinnig, denn Österreich war damals in der Formel V eine internationale Großmacht und hatte mit Jochen Rindt einen Topstar. Dass die Sendeanstalt die Spesen tragen würde, war 1966 nicht denkbar, und auch mit dem Zuschuss von Porsche Salzburg quietschte das Budget. Nassau war ein teures Pflaster, vor allem aus österreichischer Sicht, und von den Fernsehleuten hieß es, dass sie sehr, sehr enthaltsam lebten und inständig auf einen Sieg Jochen Rindts hofften, denn der hatte in diesem Fall versprochen, sie zu einem tollen Dinner in eine der besten Hütten von Nassau einzuladen.

Tatsächlich: Jochen gewann das Rennen, es gab ein fantastisches Dinner, es war der Höhepunkt der Reise für die Jungs. Am Ende fragte Jochen nach der Rechnung, zählte die Runde durch und sagte: Macht soundso viel Dollar pro Kopf, okay?

Allein die Tatsache, dass diese Geschichte nach fast sechzig Jahren noch herumgeistert, zeigt die Nachhaltigkeit des Erlebnisses für die, die darüber berichten konnten.

Bei Lauda entstand irgendwann das Gerücht, er sei so sparsam wie Rindt, das gefiel ihm, und er verhielt sich erwartungsgemäß. Das richtete sich durchaus auch gegen sich selbst, nicht im grundsätzlichen Lebensstil mit Jet und Villa und Boot (das eh eine Yacht war), aber in allen möglichen Details. Gern rechnete er den Benzinverbrauch eines Straßenautos bis auf die zweite Dezimale, auch wenn sowieso eine Firma die Rechnung zahlte. Bei den Klamotten passte er sowieso zum praktischen Shabby Chic. Dass man dafür irgendwann Designer-Aufpreis verlangen würde, hätte er vielleicht witzig gefunden. Tatsächlich hatte irgendwann jemand die Idee einer Lauda-Modelinie an ihn herangetragen, aber das hatte er doch als Hohn empfunden.

Was die Wirtshausrechnungen betrifft, weiß ich aus vierzig Jahren Erfahrung ziemlich gut Bescheid. Wenn ich den Treff oder die Mahlzeit dazu nutzte, irgendwas für meinen Job zu verwenden, dann war logischerweise ich zum Zahlen dran, ansonst war's der übliche Umgang zwischen Kumpels, einmal der, einmal der andere. Sein Trinkgeld war immer im vernünftigen Augenmaß, nie kleinlich, aber nicht Briatore-mäßig.

Damit soll aber nicht gesagt sein, dass er die freie Do & Co-Bewirtung durch seinen Freund Dogudan nicht durchaus geschätzt hätte, und wenn es sich ein Wirt zur besonderen Freude werden ließ, den prominenten Gast einzuladen, ließ er es ohne Murren geschehen. Wenn er mir von jüngsten Erfolgen auf diesem Gebiet erzählte, durfte ich durchaus mein Missfallen ausdrücken, es war ihm natürlich vollkommen wurscht.

Eines Tages, als er allein mit beiden Hunden in seinem Grinzinger Häuschen war, kriegte er Hunger und fuhr hinunter nach Heiligenstadt, wo eine in Wien weltberühmte Kette für Suppen mit Siedfleisch einen Standort eröffnet hatte. Man verhielt sich dem prominenten Gast gegenüber ganz normal, fragte, ob man die Hunde füttern dürfe, ja, bitte, danke. Was auch immer in der Schüssel war, nachher führten sich Shivas und Felix derart überglücklich auf, dass Lauda es sich zur Pflicht werden ließ, seinen Hunden hin und wieder eine Freude zuteilwerden zu lassen, dann auch mit Dame. Es fand sich eine italienische Lösung zwischen Wirt und geliebten Gästen. So weit, so gut, blieb nur noch das Problem des Parkens (für Walk-the-dogs war es doch ein bissl zu weit hügel-runter und vor allem hügel-rauf). Dank seiner scharfen Beobachtung fand Lauda eine Lösung. In Wien würde man es nicht wagen, an einer Bushaltestelle zu parken, wie sie in diesem Fall in verlockender Nähe zu dem Wirtshaus war. Nach Fahrplanschluss war der Platz allerdings frei, und wenn man eine Viertelstunde vorher dort war, also um drei viertel acht, stand noch kein Privater da, Niki war zur Stelle, winkte dem letzten Buschauffeur mit dem roten Kappl und war für den Abend versorgt. Niki war ehrlich stolz auf diese Finesse der Durchführung, solche Kleinigkeiten erfrischten ihn.

Seine Frauen hatten (oder heuchelten) Verständnis für Laudas Ökonomie und wirtschafteten ganz normal auf dem entsprechenden Niveau eines sehr, sehr privilegierten Haushalts. Die Kids Lukas und Mathias taten sich schwerer, teilweise echt schwer. Niki würde das mit erzieherischen Maßnahmen erklären und merkte nicht, wie er sich fallweise als Karikatur aus seinen eigenen Jugenderfahrungen nachzeichnete. Aber gar so viel war er eh nicht zu Hause, weder in Salzburg, Ibiza noch Barcelona.

Meine kluge Kollegin Conny Bischofberger hat mit Niki Lauda ein ganzes Buch über das Thema „Reden wir über Geld" geschrieben. Sie pflegte davor freundlichen Erfahrungsaustausch mit mir, obwohl mir die Finanzen des Niki Lauda bald einmal zu abstrakt geworden waren, etwa was die Werte von sinkenden und frisch aufsteigenden Fluglinien betraf. Er erzählte mir zwar mit Freuden den jeweiligen Jahreswert eines Kapperls, aber das war gegen Ende auch schon ziemlich frivol. Aber so ist eben der Markt, tausend Rosen. Ich habe mich lieber auf den anekdotischen Mehrwert über die Jahrzehnte beschränkt.

Etwa auf die Sorgfalt, mit der Lauda das Erscheinen einer österreichischen Briefmarke 2005 verfolgt hatte: *Ich hab angerufen und gefragt, ob es dafür Kohle gibt, aber der Herr von der Post hat gesagt, nein, das ist eine Ehre. Dann hab ich gefragt, ob es für den Hermann Maier auch nur eine Ehre war oder ob er Geld gekriegt hat. Nein, der auch nicht, dann war ich beruhigt. Außerdem sind von der Marke nur 700.000 Stück aufgelegt worden, die werden schnell weg sein, und dann ist eine Ruh.*

In der Geschichte von Laudas Comeback-Jahren haben wir ja sowieso erzählt, wie eine völlig neue Dimension für die Gagen im Rennsport eröffnet wurde, das ist natürlich eine ganz eigene Geschichte. Ist das nicht rührend, wie es begonnen hat? Man stelle sich die Erregung in historischen Dimensionen vor: Der heiligmäßige Enzo Ferrari eröffnet einem unbekannten Newcomer die Chance des Lebens, die erste Frage seines Abgesandten lautet: Wie viel? Keine Rede von einem beseelenden Moment der Motorsportgeschichte, erst einmal: Wie ist doch mal der Wechselkurs Schilling zu Lire? In Lire klang es ja auf jeden Fall fantastisch.

Von der großen Welt von Nikis Reichtum habe ich gern die Fassaden bewundert, hab mich auch im Learjet mitnehmen lassen. Ich war ihm keine Million neidig und auch keine seiner guten Bekanntschaften mit Investoren, die ihm offensichtlich gerne zugingen, und er hatte eine gute Art, von ihnen das Nützliche zu nehmen oder wenigstens von ihnen zu lernen. Dass ich mir gewünscht hätte, er würde seine Identität nicht gerade an einen Glücksspielkonzern verpachten, hab ich ihm oft genug gesagt. Er hat mir lang geduldig erklärt, warum das schwer okay ist, dann ging es ihm auf die Nerven, verständlich. In Conny Bischofbergers Buch „Reden wir über Geld" erklärt Niki, mit welcher Sorgfalt er sein Geschäftsleben aufgebaut und kontrolliert hat. Dort hat er auch seine bislang versteckte soziale Ader dargelegt und den stark mit ihm verbundenen Spruch „Ich habe nichts zu verschenken" relativiert. Da hab ich auch etwas dazugelernt.

Lauda, in all seiner Akribie, hat auch sehr rechtzeitig sein Testament gemacht und es dann sicherlich genauso sorgfältig später aktualisiert. Dass nach seinem Tod so etwas wie ein Erbschaftsstreit entstehen konnte, war überraschend. Ich seh und hör den Niki, wie er das im Himmel kommentiert hat. Gerade für die komplexesten Misslichkeiten hatte er das kürzeste Wort: *Des is fad.*

LETZTER AUSFLUG

Ein Mordstrumm von einem Pick-up, Überraschung mit japanischer Pop-Art, und alle waren super drauf.

Am Ende des Tages: Birgit, Mia, Niki, Max, Objekt von Takashi Murakami

NOVOMATIC
WINNING TECHNOLOGY

Advent 2017, Mercedes X-Klasse

T

Trotz Vorweihnachtszeit war es nicht schwer, Niki zu einer Ausfahrt zu überreden. Es ging um ein mächtiges Trumm von Pick-up. In Europa hat man früher eher Pritschenwagen gesagt. Allein durch die allzu vielen Möglichkeiten, „Pritschen" auszusprechen und mit Klangfarbe zum Schwingen zu bringen, war das Marktsegment ein bissl limitiert. Das hatte ja auch sein Gutes für unser Straßenbild.

Das Ideal vom Pick-up handelt von der amerikanischen Lässigkeit: Du schmeißt das Sattelzeug hinten rauf. Die Verschwurbelung der Begriffe wird befeuert von wunderbaren alten Filmen und sagenhaften neuen Verkaufszahlen, wirklich sagenhaft. Die großen US-Hersteller wären ohne Pick-ups noch bankrotter gewesen, als sie eh schon waren, am einleuchtendsten bei Ford mit der F-Serie, jetzt in dreizehnter Generation. Im Lauf der Jahre 40 Millionen dieser Ungetüme allein von Ford! Als sie endlich auch ein wenig Leichtbau probierten, schlugen am Alu-Weltmarkt die Zeiger aus.

Dass jetzt auch Mercedes sich mit einer solchen Maschine (keiner würde mehr Pritsche sagen) auf dem Markt zeigt, freut den Niki. Das Modell heißt X und ist schlappe 5,35 Meter lang. Wir hatten uns vorher Gedanken gemacht, wie wir das Thema bildmäßig umsetzen würden. Diese Art von Autos schaut ja mit leerer Ladefläche ziemlich doof aus.

Nikis Idee vom Christbaumschneiden und -heimholen wurde als zu vordergründig abgelehnt. Interessant war der Vorschlag unseres Fotografen Jürgen Skarwan, zwei Waschmaschinen zu laden, weil die Laudas eben Zwillinge haben. Irgendwie eh super, aber Niki sagte nein, keine Waschmaschinen, ohne das jetzt zu vertiefen.

So kamen die Kleiderpuppen auf die Welt (natürlich nicht mega-neu, wissen wir schon, aber immerhin aus dem Alltag gegriffen). Beim Abholen stellte sich heraus, dass die Figuren nackt sind. Noch dazu war es ein saukalter Tag. Oh my God!

Die weißen Puppen haben ihren Job aber recht gut getan, ließen sich rutschfest aufstellen und dank schlauer Elemente, die Mercedes dem State of Art der Pick-up-Kultur abgeschaut hat, minutenschnell in aufrechter Haltung verzurren. Gute Show, rein von der Mechanik.

Ansonst, das Auto: viel Blech, sauber modelliert und gerade so muskulös, wie es sein soll. Das lässt sich alles mit der Preisliste hochrüsten bis zur Netzhautentzündung, und irgendwo dazwischen mag der spezielle Reiz des X sein: dass du daherkommst wie Clint Eastwood und IT-mäßig vorn bist wie ein frisch gefangener Nerd. Der erste intelligent vernetzte Pick-up von gerade noch erträglicher Größe, sagt unser Tester Niki Lauda.

Somit fahren wir selbstverständlich zum Würstelstand Sobieski. Es gibt Heiße, Waldviertler, scharfen Senf und Pfefferoni. Ziemlich genau dort soll ein Denkmal für Sobieski errichtet werden, was natürlich auf unsere volle Begeisterung trifft, der Polenkönig und das Heer der Achtzigtausend haben das seit Jahrhunderten verdient. Noch laufen Gespräche zwischen polnischen Stellen und unserer lokalen Bürokratie. Private Schätzung: Es wird wohl noch bis September 2033 dauern. Aber dann: 350-Jahr-Feier des Tages, an dem die polnischen Reiter „wie zornige Erzengel“ den Kahlenberg hinunterstürmten und Wien von den Osmanen befreiten.

Auch wir fahren den Berg hinunter und kommen automatisch bei Nikis neuem Häuschen vorbei, am Krapfenwaldl statt überm Kaasgraben.

Wir reden über Kunst, ein rares Thema.

Freund Hannes Rausch hat sich ein halbes Leben lang die Zähne ausgebissen beim Versuch, Niki für Malerei zu interessieren, Birgit scheint ansatzweise mehr Glück zu haben. In der Cobenzlgasse stehen zwar Autos im Vorzimmer (eine Art Wohngarage, wie schon in frühen Salzburger Tagen), aber oben hängt gezähmte zeitgenössische Avantgarde. Niki ist gutmütig neutral und hat auch die Analyse parat:

Sie ist die Kunst, ich bin die Mechanik. Passt eigentlich schlecht zusammen. Aber dann doch, wie man sieht. Oder?

Kannst du was anfangen mit den Bildern, Niki?

Ich hab kein Gefühl für ein Bild. Aber ich versuche zu lernen. Ich schau so lang hin, bis ich irgendwas seh.

Aber du musst doch, zum Beispiel, ein Lieblingsbild haben.

Nein, hab ich nicht.

Gibt’s nicht. Denk nach.

Wir einigen uns darauf, dass er mir ein Bild zeigen wird, das in der Galerie hängt. Birgit und die Kinder werden auch da sein. Birgit hat erst kürzlich eine kleine, smarte Galerie in der Innenstadt aufgemacht. Jetzt werden Drucke von Takashi Murakami gezeigt, obendrein auch ein Original.

Niki sucht ein Bild aus, von dem er glaubt, seine Tochter Mia, 8, irgendwie dahinter zu erkennen. Die Augen, na ja, mit väterlicher Liebe. In die Abstraktion eines anderen Murakami deutet er den Max hinein, der natürlich auch 8 ist. Jürgen macht ein Foto mit Kids und Birgit und Niki. Max und Mia sollen so geheimnisvoll bleiben, wie es sich für japanische Pop-Art gehört. Für uns ist es ein sehr besonderes Foto geworden.

Von der Galerie in der leisen Rauhensteingasse sind es ein paar Schritte in den Adventwirbel der Innenstadt.

Es gab nicht den geringsten Hinweis darauf, dass ich Niki nicht wiedersehen würde.

Lauda und ich hatten selten über seine Gesundheit gesprochen. Es war klar, dass es Langzeitschäden nach dem Feuerunfall von 1976 geben musste, aber das war kein Thema für ihn. Die Spendernieren von 1997 (Bruder Florian) und 2005 (Birgit) waren vorerst ohne Drama vom Körper angenommen worden. Niki war fit, soweit man das als Kumpel wahrnehmen konnte. Sein Gang war ja nie federnd gewesen. Im Übrigen galt sein Spruch bei „Vera" im TV für alle Fälle des Alltags: *Es ist logisch. Wenn man älter wird, wird man älter.*

Im Frühjahr 2018 ging es Niki so gut, dass ich ihn nirgendwo hinlocken konnte. Am Telefon erzählte er kurz von Mercedes und Ibiza. Und überhaupt? *Super.*

Einen Beitrag zu diesem Zustand lieferte der Job als Überdrüber-Kapitän bei Mercedes. Das Team war viermal hintereinander Weltmeister geworden und mit Lewis Hamilton auf dem Weg zu Weißgottnochwas. Man verband die Figur Lauda immer mehr mit diesem goldenen Zeitalter von Mercedes Racing. Toto Wolff und Niki waren einander ans Herz gewachsen, nicht weniger. Laudas Job im Team war zwar unverändert ernsthaft, aber doch eingebettet in einem Umfeld von Respekt bis Verehrung. Für einen, der alle Untiefen der Teamarbeiten von Ferrari über Lauda Air bis Jaguar erlebt hatte, muss sich das großartig angefühlt haben.

Das Privatleben war sturmfrei wie nie zuvor. Die Damen aus zwei Welten konnten gut miteinander, die großen Kids waren erfolgreich und sehr herzlich im Umgang, die Kleinen schienen gerade zur rechten Zeit bestellt worden zu sein.

Das echte Ibiza versteckte sich zwar hinter dem soliden Reichtum mit Flieger, Yacht, tollem Anwesen. Die Insel hatte sich aber für Niki und die Marlene-Familie auch noch den Zauber als magischer Ort seit gut vierzig Jahren bewahrt. Niki hockte lieber vor dem Royalty in Santa Eulalia als im Wiener Imperial. Die Schwerelosigkeit von Formentera entzog sich ja sowieso jedem Vergleich.

Beim Grand Prix von Monaco war Niki nicht fit, er tauchte aber auf. Virale Verkühlung. Er ging auch nach Montreal, Le Castellet und Silverstone, aber man sah ihm an, dass etwas nicht stimmte.

Erstens lag es auf der Strecke, zweitens ist Sobieski ein feiner Name, drittens kam uns die Wurst zurecht.

Eine lang geplante Feier mit Freunden auf dem Schiff in Ibiza war ihm wichtig. Toto Wolff wird von Maurice Hamilton zitiert: „Wir alle hatten Dinner auf dem Schiff. Nikis Husten war halbwegs okay – aber er war da. Wir hatten einen unglaublichen Abend. Um zwei in der Früh sagte Niki. ‚Let's go to Pacha.' Es ist ein berühmter Nightclub in Ibiza, noch bekannt für sein Flower-Power aus den Siebzigern. Wir hatten jede Menge Drinks, *a massive night out behaving like young boys.* Es war, als ob Niki wieder diesen ... wie soll ich sagen ... diesen sechsten Sinn hatte. Dass er wusste, was kommen würde."

Am nächsten Tag ging es ihm wirklich schlecht, Toto Wolff flog ihn zurück nach Wien. Im AKH sagten sie, dass Lauda nur noch zehn bis zwanzig Prozent seiner Lungenfunktion habe. Eine Lungentransplantation hielt die Hoffnung aufrecht, es folgte sogar eine Euphorie. Wenn ich ihn am Telefon erwischte, sprach er vom Plan eines richtigen Trainingslagers bei ihm daheim in Ibiza, mit zwei speziellen Betreuern. Ja, da würde ich ihn besuchen können. *Und bis Weihnachten bin ich fit.*

Es lief anders. Niki ließ sich abschotten. Sein 70. Geburtstag lief nur in den Medien. Nach Problemen mit der Spenderniere kam Lauda in die Uniklinik Zürich. Sohn Lukas verbrachte in diesen Wochen die längste Zeit mit ihm. Niki starb am 20. Mai 2019.

Bei der Trauerfeier im Wiener Stephansdom spürte man die Hochachtung der Welt und die Betroffenheit der Gemeinde. Der Bundespräsident, der Dompfarrer und Gerhard Berger hielten die Reden. Lewis Hamilton, Alain Prost, Helmut Marko, Nelson Piquet, Gerhard Berger geleiteten den Sarg hinaus auf den verregneten Stephansplatz. Tausende hatten ausgeharrt.

Die Anwesenheit von Jackie Stewart und seiner Frau Helen prägte die leise Würde des Tages. Stewart, auch er dreifacher Weltmeister wie Lauda, hatte schon Jochen Rindt zum Grab begleitet. Er steht für den nobelsten Ausdruck dieses Sports, der uns durch Niki Lauda so vertraut wurde.

Wenn Niki unvermittelt vor mir auftaucht, sehe ich ihn gern im roten Polarforscher-Anorak, der war in der Stadt so erfrischend absurd.

„Du gehst uns ab, Niki“, würde ich sagen.

Es ist logisch, würde er sagen. *Wennst net lebst, bist nimmer da.*

Ich würde heftig widersprechen, er würde es gut sein lassen. Der G’scheitere gibt nach. Wie eben unsere Rederei über fünfzig Jahre so lief.

„Niki“ von Hannes Rausch 1984. Acryl auf Leinwand, 45 × 65 Zentimeter

Weltmeister 1975, Ferrari

DER RENNFAHRER
Andreas Nikolaus Lauda

22. 2. 1949 (Wien) bis 20. 5. 2019 (Zürich)
296 Rennen in 18 Jahren
25 Siege in Läufen der Formel-1-WM

1968 Erstes Autorennen (auf Mini Cooper S)
1971 Erstes Formel-1-Rennen (auf March-Ford)

Endgültiger Rücktritt vom Rennsport: Oktober 1985

Siege in Formel-1-WM-Läufen

Auf Ferrari
1974 GP Spanien
1974 GP Niederlande
1975 GP Monaco
1975 GP Belgien
1975 GP Schweden
1975 GP Frankreich
1975 GP USA
1975 Weltmeister
1976 GP Brasilien
1976 GP Südafrika
1976 GP Belgien
1976 GP Monaco
1976 GP Großbritannien

Unfall im GP Deutschland
1. 8. 1976

1977 GP Südafrika
1977 GP Deutschland
1977 GP Niederlande
1977 Weltmeister

Auf Brabham-Alfa
1978 GP Schweden
1978 GP Italien

Auf McLaren
1982 GP USA/West (mit Ford-Motor)
1982 GP Großbritannien (Ford)
1984 GP Südafrika (TAG Turbo)
1984 GP Frankreich (TAG Turbo)
1984 GP Großbritannien (TAG Turbo)
1984 GP Österreich (TAG Turbo)
1984 GP Italien (TAG Turbo)
1984 Weltmeister
1985 GP Niederlande (TAG Turbo)

Herbert, deine Texte sind wirklich spannend.

ÜBER DEN AUTOR

Herbert Völker, Jahrgang 1943, ist einer der Granden des österreichischen Journalismus. Er besticht nicht allein durch Gravitas und Welterklärungsformat, sondern durch Witz, Leichtfüßigkeit und die freiwillige Wahl eines nicht unbedingt zentralen Themas: Völker widmete seine Karriere nach Anfängen im Sportjournalismus der Faszination des Automobils, inklusive Rennsport.

Als Chefredakteur der „Autorevue", die er sehr jung übernahm, prägte Völker sein Genre dauerhaft (und eine ganze Generation von Journalistinnen und Journalisten, die bei ihm in die Lehre gingen). Ernsthaftigkeit ja, aber nie ohne Augenzwinkern, und ein guter Witz war mindestens so willkommen wie der sechste Gang auf der Autobahn.

Die Freundschaft zu den prägenden Figuren des österreichischen Rennsports – Völkers erste große Liebe war der Rallyesport, was unter anderem der Vorname eines seiner Söhne bezeugt – ergab sich quasi auf natürlichem Weg. Es gab Motorsportbegeisterung in Österreich, die „Autorevue" war ihr Zentralorgan und ihr Schriftführer der natürliche Sparringpartner, weil Kompetenz, Reichweite und fabelhafte Unterhaltung.

Es ist kein Geheimnis, dass hinter den Autobiografien von Niki Lauda und Gerhard Berger, die nicht nur den Racer-Swag hatten, sondern auch enorme Sprachkultur, die Feder von Völker steckte, der seine Freunde literarisch mindestens so gut aussehen ließ wie im Cockpit.

Mit Niki Lauda verband Völker jahrzehntelange Nähe. Weil er um die Unwiederbringlichkeit spontaner Momente wusste, ließ Völker bei seinen Treffen mit Lauda gerne sein Aufnahmegerät mitlaufen, selbst wenn es nichts Spezielles zu besprechen gab. Denn Völker wusste: Mit Niki etwas zu besprechen ist immer speziell.

Christian Seiler

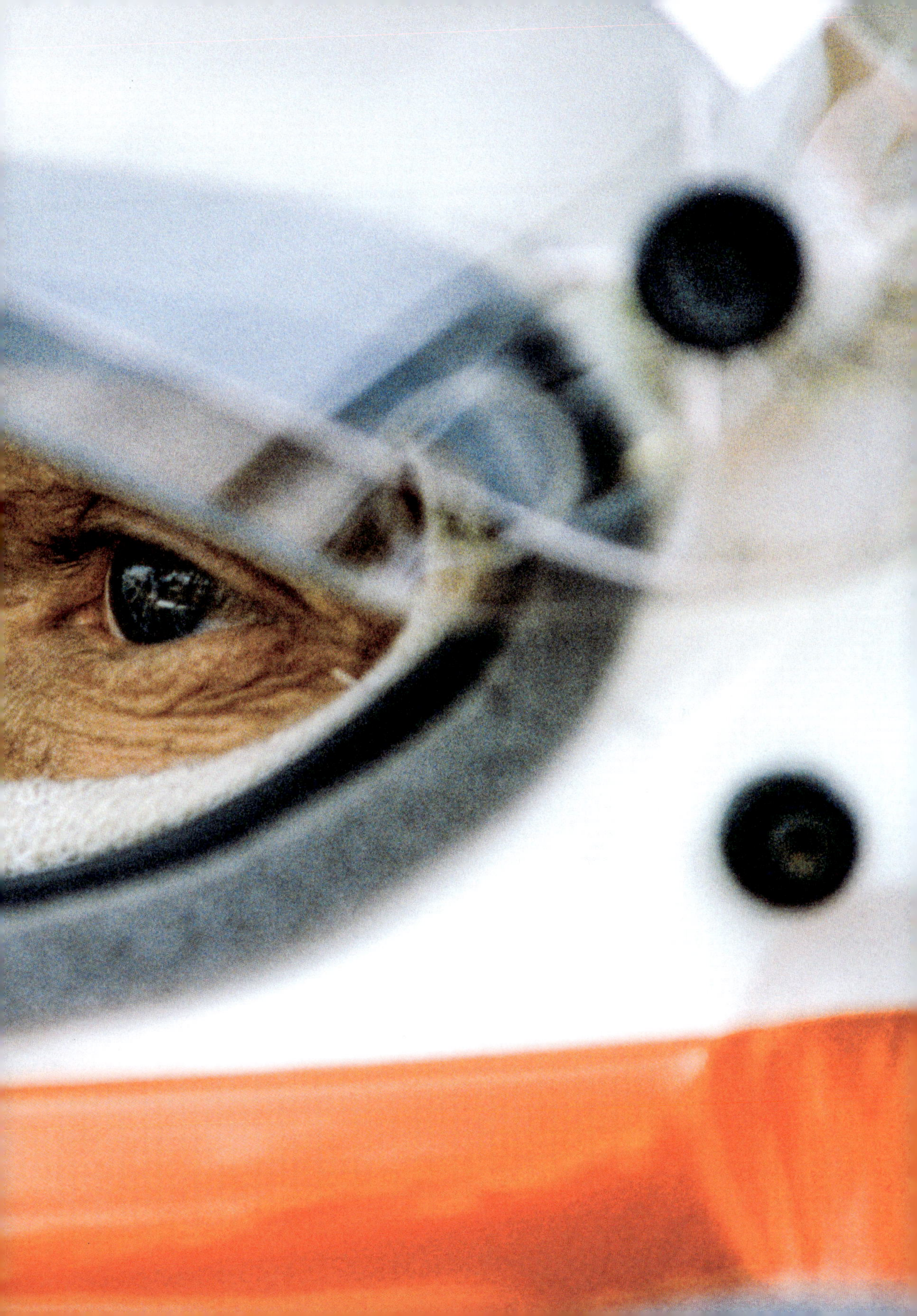

MIX
Papier | Fördert gute Waldnutzung
FSC® C020353

1. Auflage

Medieninhaber, Verleger und Herausgeber:
Red Bull Media House GmbH
Oberst-Lepperdinger-Straße 11–15
5071 Wals bei Salzburg, Österreich

Umschlaggestaltung, Layout und Satz: Isabel Neudhart-Haitzinger
Gesetzt aus der: Futura Pro, Adobe Caslon Pro
Redaktion und Lektorat: Markus Honsig, Robert Sperl
Korrektorat: Hans Fleißner, Werner Fleißner
Bildrecherche: Martin Kreil
Lithografie: Nenad Isailovic

Coverbild: Picturedesk.com (Laif/David Payr)
Vor- und Nachsatz: Picturedesk.com (Laif/David Payr)
Bildnachweis Innenteil: AKG-Images (21 Tony Vaccaro; 22/23 Mondadori Portfolio), Alamy (249), Anzenberger (15 Philipp Horak), ATP (88/89, 174/175), Bildagentur Kräling (4/5, 63), Bridgeman Images (30 Farabola), Roger Benoit (127), ddp Images (183; 237 Capital Pictures), dpa Picture Alliance (106/107, 173 DPPI Media; 152/153 Heritage Images; 242 Hoch Zwei; 64/65 Sven Simon), Heinz Dieter Finck (53), F1 online (33 Imageselect Heritage), GEPA pictures (191), Getty Images (93 Rainer Schlegelmilch; 177 Studio Colombo/Ercole Colombo; 181), Hoch zwei (80/81 Ronco), Imago Images (29, 72/73 Kräling; 59 Thomas Zimmermann; 179 Bryn Williams; 238/239 Mary Evans), Lauda Air (163 Rottensteiner), McKlein (54/55, 57, 77, 105, 115, 116/117, 121, 123, 134/135, 266, 270/271), Motorsport Images (79), Carla Oder (218), Picturedesk.com (79, 143, 147, 197 201, 209 Ernst Kainerstorfer; 108/109 Votava/Brandstätter Images; 131, 141 Reuters/Crispin Thruston; 205 Andreas Tischler; 210/211 APA/Hans Klaus Techt), Privat (45, 47, 49, 71, 263), Bernd Schilling (41, 151, 160, 268), Schilling & Riedmann (229, 264/265), Jürgen Skarwan (8/9, 11, 19, 98/99, 202/203, 207, 221, 222/223, 225, 227, 231, 233, 255, 256/257, 261), Ullstein Bild (25), Herbert Völker (34/35, 37), Wolfgang Wilhelm (132/133, 213).

Gedruckt bei Neografia in der Slowakei
ISBN: 978-3-7110-0356-0